数字经济基石

邹传伟
郝　凯
钱柏均

著

区块链的机制设计与应用落地

经济管理出版社

ECONOMY & MANAGEMENT PUBLISHING HOUSE

图书在版编目（CIP）数据

数字经济基石：区块链的机制设计与应用落地/ 邹传伟，郝凯，钱柏均著. —北京：经济管理出版社，2021.4 (2022.11重印)
ISBN 978-7-5096-7928-9

I. ①数… Ⅱ. ① 邹… ② 郝… ③ 钱… Ⅲ. ①区块链技术 Ⅳ. ①TP311.135.9

中国版本图书馆 CIP 数据核字（2021）第 065917 号

组稿编辑：宋　娜
责任编辑：宋　娜　张鹤溶
责任印制：黄章平
责任校对：陈　颖

出版发行：经济管理出版社
　　　　　（北京市海淀区北蜂窝 8 号中雅大厦 A 座 11 层　100038）
网　　址：www. E-mp. com. cn
电　　话：(010) 51915602
印　　刷：北京虎彩文化传播有限公司
经　　销：新华书店
开　　本：720mm×1000mm/16
印　　张：19.75
字　　数：263 千字
版　　次：2021 年 5 月第 1 版　　2022 年 11 月第 2 次印刷
书　　号：ISBN 978-7-5096-7928-9
定　　价：98.00 元

区块链不仅是新技术，更是新的机制设计

一、区块链思想和技术的来龙去脉

自中本聪在 2008 年发布《比特币白皮书：一种点对点的电子现金系统》一文开始，有关比特币和区块链技术的研究与应用逐渐增多。但在相当长的一段时期内，区块链只是一个技术人员和创业者在小范围内讨论的话题。

自 2017 年以来，社会各界对区块链、加密资产和智能合约的关注度迅速升温，区块链成为大众讨论的热门话题。有乐观的观点甚至认为，区块链技术是继大型机、个人电脑、互联网、移动互联网、社交网络之后，计算范式的又一次颠覆式创新，是人类信用进化史上继血亲信用、贵金属信用、央行纸币信用之后的第四个里程碑。

追根溯源，区块链技术的设计思想来自于东罗马帝国时代的拜占庭将军问题。区块链本质上就是设计一个分散决策的动态博弈机制或者算法，通过信息传递来解决非对称信息中多个代理人的一致行动。

从底层技术看，区块链是一种将点对点传输技术、分布式技术、密码学、网络理论等成熟技术综合运用的新技术。2011 年，Vitalik 首次通过比特币发现了区块链和加密资产技术，并在 2013 年 11 月出版了《以太坊白

皮书》。

从功能看，区块链的核心优势是去中心化，通过运用数据加密、时间戳、分布式共识和经济激励等手段，在节点无须互相信任的分布式系统中，实现基于去中心化信用的点对点交易、协调与协作，从而为中心化机构普遍存在的高成本、低效率和数据存储不安全等问题提供解决方案。

从思想演进看，2016 年凯文·凯利在《失控》一书中指出，分布式系统具有四个突出特点，即没有强制性的中心控制、次级单位具有自治的特质、次级单位之间彼此高度链接、点对点之间的影响通过网络形成了非线性因果关系。凯文·凯利进一步指出，与其说一个分布式、去中心化的网络是一个物体，还不如说它是一个过程。

从应用角度看，百度、阿里巴巴、腾讯、京东等互联网公司在区块链领域积极布局，推动区块链产业的发展。2018 年 5 月，工业和信息化部信息中心推出了《2018 年中国区块链产业白皮书》。各地政府也积极从产业高度定位区块链技术，政策体系和监管框架逐步发展完善。马云在 2018 年表示，阿里巴巴目前重点投入的三大核心技术，一是以大数据人工智能为主的技术，另外两项是区块链技术和物联网技术。区块链技术加上互联网金融，今后才有可能打造 21 世纪数据时代、信息时代的金融体系和标准。

从研究者的角度看，区块链也逐渐进入主流研究者的视野。芝加哥大学丛林教授和何治国教授于 2018 年 3 月在 NBER 发布的工作论文《区块链颠覆和智能合约》中，证明了区块链这种去中心化制度设计有助于增加社会福利，提升消费者剩余。宾夕法尼亚大学方汉明教授在 2018 年 6 月表示，宾夕法尼亚大学经济系的教授们自发组织了一个学习小组，学习区块链和比特币。他们轮流读文献、做报告，讨论区块链的机理，研究它们的密码学和经济学基础，以及可能会有什么样的开创性应用。

二、区块链是分散决策机制

在我们看来，区块链是一种用分布式技术构建节点与节点间相互关系的方式，目的是依靠网络结构中多个节点之间的博弈来实现更大范围和更深层次的复杂交易。如果从经济学的发展历史角度看，首先，区块链直接挑战了在经济学理论和实践中，争论达百年之久的中心和去中心两种机制，即集中的中心集权机制和分散的市场决策机制；其次，区块链的根本特点也挑战了传统的微观组织结构，是一种完全独立于企业的全新组织。

区块链不仅是运用到实体经济的一项新技术，而且还是与传统经济机制竞争的一种组织或制度设计。区块链的优点是解决了资源配置的帕累托有效性和激励相容的问题；缺点是机制的信息成本很高，需要借助于密码学、网络结构、云计算、大数据、深度学习、人工智能等技术手段和算法来实施。

三、中心集权机制

在传统上，中心集权机制是指拥有私人信息的个体们向一个中心计划者直接报告各自的类型信息，比如边际成本、边际效用、边际收益、消费需求等，然后中心计划者根据个体们报告的信息，制定出每个个体的生产向量，如产量水平、投资水平等，以及消费向量和货币转移支付，并下达给每个个体。其中，中心计划者需要求解包括数以百万计联立方程的投入产出表。

在经济理论的发展历史上，中心集权机制是机制设计中最为重要的一种制度安排，其理论基础缘起于吉巴德、梅耶森等学者提出的显示原理。显示原理的含义是指，在非对称信息的经济环境中，任何一个间接机制的均衡结果都可以由一个具有独特数学结构的直接显示机制来复制。显示原理的提出，极大地简化了机制设计工作，使得机制设计工作可以聚焦于去设计一个具备良好性质的直接显示机制。从博弈规则和信息传递方式来说，中心集权机制就是一种直接显示机制。

四、区块链机制

区块链的技术基础是分布式网络构架，具有去中心、分中心及信息共享、共识、共担的组织结构特征。从机制设计的角度来看，信息共享和共识表现为参与者之间相互传递信息。

区块链不仅是一种新技术，更是作为与传统经济机制竞争的一种组织或制度设计，帮助传统实体经济交易从集中层级组织中退出，回归到分散决策的市场中。基于这样的认识，其在社会发展进程中的重要性不言而喻。当然需要指出的是，区块链机制扩大了信息空间的维数，同时也给每个个体施加了更复杂的计算任务。

五、区块链机制满足激励相容和帕累托最佳

在近百年来的社会发展实践中，中心和去中心是两种完全不同的制度安排，表现为集中的中心集权机制和分散的市场决策机制。早期，如1974年诺贝尔经济学奖得主哈耶克对计划经济质疑的"经济计算问题"。在哈耶克看来，各种经济现象之间密切的相互联系使我们不容易把计划恰好停在我们所希望的限度内，并且市场的自由活动所受的阻碍一旦超过了一定的程度，计划者就被迫将管制范围加以扩展，直到它变得无所不包为止。近年来，如2007年诺贝尔经济学奖得主赫维茨敏锐地发现，机制设计的最首要任务是构建评价一个经济制度优劣，且能被大多数经济学家都认同的

标准。信息的有效性、激励相容和资源配置的帕累托有效性是经济学界普遍接受的三个标准。

六、区块链机制运行的信息成本高

哈耶克批评计划经济的一个重要理由是"计划经济收集信息和计算方程组所需时间过长"。如果用数学语言表述，就是由于在高维的参数空间中，每个个体需要验证很多方程，所以信息空间也很"大"。因此，机制设计之父赫维茨指出，信息成本是机制设计者必须要考虑的基本标准之一。其中，信息有效性是判断一个经济机制优劣的重要标准。在度量信息有效性的各种方法中，信息空间的维度大小是其中的一个方法，信息空间的维度越大，表明机制运行的信息成本越高。

区块链这种分布式机制运行的信息成本是很高的。事实上，为了避免共谋的流行，必须配有交叉确认，也将使得信息处理成本增加。所幸的是，随着大数据、智能计算机、云计算技术以及互联网技术的深入发展，计算效率有了极大的提高，这将有助于降低分布式机制运行的高信息成本。目前，一些分布式商业模式应用能够成功落地的前提就是计算技术、信息储藏技术的迅速发展。

七、区块链机制满足激励相容

社会选择和机制设计中普遍碰到一个难题，即拥有私人信息的某些个体会采取"隐瞒偏好、扭曲事实或者故意混淆视听"的机会主义行为。个体追求私利的机会主义行为往往违背了集体利益或影响社会目标的实施，造成资源配置的帕累托无效性。一个好的经济制度只有满足激励相容，才能很好地协调拥有非对称信息参与者的个体利益与集体利益的一致性。因此，激励相容是衡量经济制度优劣的一个不可或缺的标准，机制设计理论所要解决的根本问题就是非对称信息下的激励问题。

区块链机制满足激励相容，中心集权机制不一定满足激励相容。原因在于，首先，在区块链机制中，对于信任，各个交易环节交叉验证，个体造假的概率几乎为零。因此，区块链机制信息为真的概率为 1。其次，在中心集权机制中，参与者报告的信息未必是自己的真实类型。区块链机制信息为真的概率高于中心集权机制信息为真的概率。

八、区块链机制导致帕累托最佳配置

对制度的评估应以帕累托有效性作为标准。其原因在于帕累托有效性是新古典经济学关于效率的一个最基本评价标准。不论是直接显示机制还是区块链机制，最终都要涉及资源的配置。就资源配置而言，区块链机制导致帕累托最佳配置，中心集权机制会出现一定程度的效率或福利损失。其原因在于，区块链机制较好地解决了信息非对称问题，中心集权机制存在非对称信息问题。

众所周知，非对称信息会造成资源配置的帕累托无效率，这是困扰所有组织和制度设计的核心问题。设计者可以设计一组激励机制来减少或避免效率损失。从数学的角度来看，设计者在激励相容约束和参与约束下，设计一组机制以最大化社会福利。激励相容约束和参与约束的冲突俗称委托—代理矛盾，构成了信息非对称下机制设计的根本矛盾。当设计者使两难冲突达到一种平衡时，其所设计的激励机制就是最优机制。显而易见的是，设计者所设计的最优中心集权机制所得到的资源配置结果是约束帕累托最优的，与无须信任的区块链机制达到的帕累托最优配置相比，会出现一定程度的效率或福利损失。

九、区块链对人类社会的影响不可估量

凯文·凯利在《新经济新规则》一书中指出，在未来的十几年中，新经济带来的巨大利益很大程度上是来自于对分布式和自治式网络的开发和利用。作为资源分配的一种全新的分散决策制度设计，区块链机制在互联网经济时代异军突起，对人类社会的冲击和影响不可估量。

未来，我们需要综合地运用机制设计、网络理论、密码学、计算机科学等技术手段，以一套基于网络的应用程序和算法呈现出新规则和新市场。目前，不少人把区块链看作是一种计算机产品，例如，比特币、共识协议、状态通道、哈希算法、分片技术、雷电网络等大量的计算机技术语言出现在区块链的研究文献中。当然，这些计算机技术对于解决区块链的激励机制和提高效率方面是不可或缺的。

但是，区块链更为重要的是要运用经济理论来设计和创建能产生一定均衡结果的"规则"或算法。经济学的机制设计理论和网络理论、密码学、计算机技术、人工智能的有机结合，将极大地推动区块链这种颠覆性创新在新时代新经济中开花结果，产生越来越多的新兴经济模式和自治去中心化组织。事实上，技术与机制的结合更容易产生有形之手、无形之手之外的第三只手，即分布式组织。

肖风

中国万向控股有限公司副董事长、万向区块链实验室创始人

田存志

暨南大学经济学院金融系教授、博士生导师

肖欣荣

对外经济贸易大学金融学院教授、博士生导师

杨锐

北京中科晶上科技有限公司首席经济学家

目录

第二篇 ————————————————————

信任机器：区块链与市场机制

目　录

第三篇 ——————————————————————

应用落地：区块链服务实体经济

第四篇

金融创新：区块链与数字货币

第五篇 ——————————————————

监管镜鉴：区块链监管动态

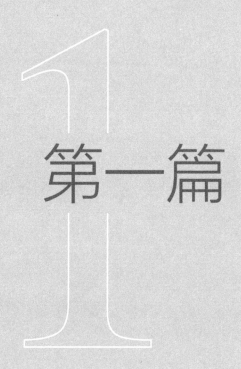

第一篇

技术内涵：区块链与密码学技术

区块链使用密码学技术保障安全，促进去信任环境下的多方协调。本篇重点讨论椭圆曲线数字签名算法、哈希时间锁和安全多方计算等技术在区块链领域的应用，以及基于哈希时间锁的闪电网络和跨链方案。

椭圆曲线数字签名算法的核心是一对公钥和私钥，是在去信任环境下进行身份识别和验证的基础。区块链领域常用的椭圆曲线数字签名算法包括 ECDSA 签名算法与 Schnorr 签名算法。

哈希时间锁是去中心化和去信任化环境中进行条件支付的基础，是理解数字货币和数字资产的可编程性的关键。除了对密码学的应用，哈希时间锁的核心是序贯博弈。

多个哈希时间锁可以组成多跳支付，是闪电网络支付通道的基础。闪电网络也是一种代表性的链下扩容方案。2019～2020 年，尽管闪电网络在网络安全和稳定性以及商业发展上面临不少障碍，但瞭望塔、潜交换、原子多路径支付、中微子协议、节点身份验证、数据传输以及离散日志合约等方面工作，体现了闪电网络在技术创新上的活力。

不同数字货币和数字资产可能基于不同的区块链系统，价值互联互通的要求使跨链技术成为金融基础设施的"刚需"。目前，主流的跨链技术包括公证人机制、哈希时间锁、侧链和中继链等。

安全多方计算能够解决互不信任的参与方之间保护隐私的协同计算问题。安全多方计算拓展了传统分布式计算的边界以及信息安全范畴，对解决网络环境下的信息安全具有重要价值。安全多方计算能够结合多行业领域进行数据融合，对数据要素市场发展十分重要。

对以上这些技术及其应用，我们不仅要理解技术本身，更要理解其背后的机制设计逻辑。

第一章 椭圆曲线数字签名算法

区块链领域常用的 ECDSA 签名算法与 Schnorr 签名算法，都属于椭圆曲线数字签名算法，它们使用的椭圆曲线都是 secp256k1。

一、椭圆曲线

椭圆曲线 secp256k1 定义在有限域 Z_p 上，其中 $p = 2^{256} - 2^{32} - 977$ 是一个大素数。有限域 Z_p 的元素从 0 到 $p-1$，其中的加减乘除运算都是对 p 取模：

a+bmodp a−bmodp a×bmodp a÷bmodp。

唯一需要说明的是有限域 Z_p 中的除法 a÷bmodp。除法涉及逆元概念。根据费马小定理，对取值在 1 和 $p-1$ 之间的 b，$b^{p-1} = b \times b^{p-2} = 1 modp$。因此，$b^{p-2}$ 是 b 的逆元，a÷bmodp 等于 $a \times b^{p-2} modp$。

椭圆曲线 secp256k1 的定义是：所有（x，y）的集合，其中 x 和 y 都是有限域 Z_p 的元素，并且 $y^2 = x^3 + 7 modp$，以及一个无穷远点 0。

椭圆曲线 $y^2 = x^3 + 7$ 如果定义在实数域上形如图 1-1（a）所示，定义在有限域 Z_p 上则形如图 1-1（b）所示，是离散的。对椭圆曲线 secp256k1 上任意两点（x_1，y_1）和（x_2，y_2），定义加法：

$$(x_3，y_3) = (x_1，y_1) + (x_2，y_2)$$

$x_3 = \lambda^2 - x_1 - x_2 modp$

$y_3 = \lambda (x_1 - x_3) - y_1 modp$

$$\lambda = \begin{cases} (y_2-y_1) \div (x_2-x_1) \quad \mathrm{mod}p \quad \text{相异点相加} \\ 3x_1^2 \div (2y_1) \qquad\qquad \mathrm{mod}p \quad \text{相同点相加} \end{cases}$$

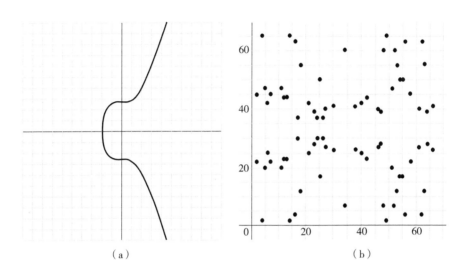

（a）　　　　　　　　　　　　（b）

图 1-1　椭圆曲线图示

资料来源：https：//en. bitcoin. it/wiki/Secp256k1.

此外，任意点与无穷远点 0 之和仍为该点本身。对任意点（x，y），
（x，y）+（x，p-y）= 0，也就是（x，p-y）是（x，y）的负元。

在点加的基础上定义标量乘法（Scalar Multiplication）：对任意点 Q 和
整数 m，mQ 等于 m 个 Q 之和。标量乘法是一个典型的不可逆运算：已知
Q 和 m，很容易计算 mQ（当然需要付出一定算力）；但已知 mQ 和 Q，则
很难算出 m。这个不可逆计算就是椭圆曲线加密的基础，体现为椭圆曲线
离散对数问题（ECDLP）。

椭圆曲线上任意一点 Q 不断与自身相加：Q、2Q、3Q、4Q……因为椭
圆曲线上点的总数有限（根据 Hasse 定理，点的总数介于 $p+1-2\sqrt{p}$ 和 $p+1+2\sqrt{p}$），所以总存在整数 M，使得 MQ = 0。集合 {0，Q，2Q，…，（M-1）Q} 就构成了一个循环子群，其中 Q 被称为基点，M 被称为阶。

椭圆曲线离散对数问题就是：对循环子群中的一个元素 T，找到整数

d，使得 T=dQ。这个 d 就对应着椭圆曲线加密中的私钥。

在椭圆曲线 secp256k1 中，ECDSA 签名算法与 Schnorr 签名算法选择的基点都是 G，其阶为 n[①]，n 也是素数。实际上，椭圆曲线 secp256k1 上点的总数也是 n，这些点正好构成一个循环群。

二、ECDSA 签名算法

前文对椭圆曲线 secp256k1 做了基本介绍，其中素数 $p=2^{256}-2^{32}-977$，$y^2=x^3+7$，基点 G 及其阶 n 都是公开信息。

ECDSA 公私钥生成方法是：随机选择一个整数 $d<n$，计算 $P=dG$，P 为公钥，d 为私钥。

ECDSA 签名由一对整数（r，s）组成，其中每个值的位长度都与 n 相同。用 msg 表示需要签名的信息。ECDSA 签名生成程序如下：

第一步：随机选择一个整数 $d'<n$ 作为本次加密的临时私钥，计算 $P'=d'G$。用 x（P'）表示点 P' 的横坐标，计算 $r=x（P'）modn$。

第二步：对需要加密的信息使用哈希函数 SHA256：$z=SHA256（msg）$。

第三步：计算 $s=（z+r×d）÷d'modn$。

第四步：（r，s）就是对 msg 的 ECDSA 签名。

在 ECDSA 签名验证中，已知公钥 P、msg 和（r，s），其程序如下：

第一步：计算 $u_1=z÷smodn$（同前文，$z=SHA256（msg）$）和 $u_2=r÷smodn$。

第二步：计算 $P''=u_1G+u_2P$，用 x（P''）表示点 P'' 的横坐标，验证 r=

---

① G 坐标为（79BE667EF9DCBBAC55A06295CE870B07029BFCDB2DCE28D959F2815B16F81798，483ADA7726A3C4655DA4FBFC0E1108A8FD17B448A68554199C47D08FFB10D4B8），阶等于 FFFFFFFFFFFFFFFFFFFFFFFFFFFFFFFEBAAEDCE6AF48A03BBFD25E8CD0364141，均采用 16 进制表达。

x（P''）modn 是否成立。

验证程序逻辑如下。因为基点 G 生成的循环子群阶为 n，所以

$$P''=u_1G+u_2P=u_1G+u_2dG=（u_1+u_2d）G$$

$$=((u_1+u_2×d)\ modn)G$$

$$=((z+r×d)÷smodn)G$$

代入 s=（z+r×d）÷d'modn 可知 P''=d'G=P'，所以 x（P''）= rmodn。

三、Schnorr 签名算法

这一部分首先介绍 Schnorr 签名算法主要特点，其次分步骤介绍 Schnorr 签名算法及批验证，最后介绍基于 Schnorr 签名的多重签名算法。

（一）主要特点

Schnorr 签名算法与 ECDSA 签名算法使用同样的椭圆曲线 secp256k1 和哈希函数 SHA256，所以在这个层面它们具有同样的安全性。Schnorr 签名算法主要有以下优点：

第一，Schnorr 签名算法有可证明安全性。在假设椭圆曲线离散对数问题难度的随机寓言（Random Oracle）模型，以及假设原像抗性（Preimage Resistance）和次原像抗性（Second Preimage Resistance）的通用群模型下，Schnorr 签名算法具备选择消息攻击下的强不可伪造性（Strong Unforgeability under Chosen Message Attack，SUF-CMA）。换言之，如果不知道 Schnorr 签名的私钥，即使有针对任意消息的有效 Schnorr 签名，也没法推导出其他有效 Schnorr 签名。而 ECDSA 签名算法的可证明安全性则依赖于更强的假设。

第二，Schnorr 签名算法具有不可延展性（Non-malleability）。签名延展性的含义是，第三方在不知道私钥的情况下，能将针对某一公钥和消息

的有效签名，改造成针对该公钥和信息的另一个有效签名。ECDSA 签名算法则有内在的可延展性，这是 BIP 62 和 BIP 146 针对的问题。

第三，Schnorr 签名算法是线性的，使得多个合作方能生成对他们的公钥之和也有效的签名。这一特点对多重签名、批验证（Batch Verification）等应用非常重要，既能提高效率，也有助于保护隐私。而在 ECDSA 签名算法下，如无额外的见证数据，批验证相对逐个验证并无效率提升。

（二）Schnorr 签名算法

与前文一样，椭圆曲线 secp256k1 中素数 $p = 2^{256} - 2^{32} - 977$，$y^2 = x^3 + 7$，基点 G 及其阶 n 都是公开信息。为方便与 ECDSA 签名算法的比较，本书在介绍 Schnorr 签名算法时，尽可能使用相同数学符号。

1. 公私钥生成

第一步：随机选择一个整数 d<n，计算 dG。用 x（dG）表示点 dG 的横坐标，y（dG）表示点 dG 的纵坐标。

第二步：检验 y（dG）是否为模素数 p 的二次剩余（Quadratic Residue）。如果是，则保持 d 不变；反之，则用 n-d 代替 d。

第三步：d 为私钥，计算 P = dG，x（P）（表达成 32 字节形式）为公钥。

Schnorr 签名算法中公私钥生成比较特别。在 ECDSA 中，公钥用的是椭圆曲线上的点，而非仅仅其横坐标，需要（压缩公钥情形）33 字节或（非压缩公钥情形）65 字节。而 Schnorr 签名算法中，公钥只用椭圆曲线上点的横坐标，只需 32 字节，但也造成如下问题：

基点 G 的阶为 n，所以（n-d）G = -dG。根据前文，-dG 是 dG 的负元，有相同的横坐标。因此，x（（n-d）G）= x（-dG）= x（dG）。换言之，d 和 n-d 可能对应同一个公钥。这就是引入二次剩余的缘由。

所谓二次剩余，指的是如果存在整数 Y，使得 $y = Y^2 \bmod p$，就称 y 为模

p 的二次剩余；反之，则称 y 为模 p 的二次非剩余。根据欧拉准则，y 为二次剩余的条件是 $y^{(p-1)/2} = 1 \bmod p$。两个二次剩余或两个二次非剩余的乘积是二次剩余，而二次剩余和二次非剩余的乘积是二次非剩余。特别是，因为 $p = 3 \bmod 4$，-1 是模 p 的二次非剩余。

对 d 和 n−d，根据前文类似逻辑，$y((n-d)G) = y(-dG) = p-y(dG)$，所以 $y((n-d)G) = -y(dG) \bmod p$。如果 y（dG）是二次剩余，那么 y((n−d) G) 作为二次剩余与二次非剩余 (−1) 的乘积，是二次非剩余；如果 y（dG）是二次非剩余，那么 y((n−d) G) 作为两个二次非剩余的乘积，是二次剩余。因此，y((n−d) G) 和 y（dG）中正好有一个是二次剩余。

对第三步使用的私钥 d，y（P）肯定是二次剩余。以上就是 Schnorr 签名算法能简化公钥的原因。

2. **签名生成**

Schnorr 签名由一对整数（r，s）组成。用 msg 表示需要签名的信息。签名生成程序如下：

第一步：用哈希函数生成随机数：$rand = hash_{\text{BIPSchnorrDerive}}(d \parallel msg)$，其中 d 和 msg 都表示成字节形式，∥ 表示字符串连接（Concatenate）。rand 也可以使用其他的随机数生成器。

第二步：令 $d' = rand \bmod n$。计算 d′G，用 y（d′G）表示点 d′G 的纵坐标。检验 y（d′G）是否为模素数 p 的二次剩余。如果是，则保持 d′不变；反之，则用 n−d′代替 d′。根据前文讨论，这样选出的 d′使得 y（d′G）是二次剩余。

d′为本次加密的私钥，计算 P′=d′G。用 x（P′）表示点 P′的横坐标，令 $r = x(P') \bmod n$。

第三步：计算 z = SHA256（SHA256（tag）∥ SHA256（tag）∥ r ∥ x（P）∥ msg）。其中，SHA256（tag）∥ SHA256（tag）实现了带标签的哈

希（Tagged Hashes），也降低了出现哈希碰撞的可能性。哈希函数的输入中包含公钥 x（P），被称为密钥前缀（Key Prefixing），这是为抵御"关联密钥攻击"（Related-key Attack），问题源自 Schnorr 签名的线性特征。

第四步：计算 s=（d′+z×d）modn。

第五步：（r，s）就是对 msg 的 Schnorr 签名。

比较 ECDSA 签名和 Schnorr 签名的生成程序不难看出：第一，Schnorr 签名生成程序的第一步和第二步，类似 ECDSA 签名生成程序的第一步，都是产生本次加密的临时私钥。差别在于使用的随机数产生器可以不一样，并且 Schnorr 签名要处理针对二次剩余的限制条件。第二，Schnorr 签名生成程序的第三步，类似 ECDSA 签名生成程序的第二步，都是对需要签名的信息的哈希摘要。差别在于 Schnorr 签名引入了密钥前缀以抵御"关联密钥攻击"。第三，Schnorr 签名生成程序的第四步，与 ECDSA 签名生成程序的第三步，才是两个签名算法的核心差异。

3. 签名验证

在 Schnorr 签名验证中，已知公钥 x（P）、msg 和（r，s），其程序如下：

第一步：根据公钥 x（P）恢复 P。本质上，这是根据椭圆曲线 secp256k1 上一个点的横坐标恢复该点本身，并不复杂，只需保证 P 的纵坐标必须是（模 p）二次剩余。

第二步：计算 P″=sG-zP（同前文，z=SHA256（SHA256（tag）‖ SHA256（tag）‖r‖x（P）‖msg）），验证 r=x（P″）modn 是否成立。

验证程序逻辑如下。因为基点 G 生成的循环子群阶为 n，所以：

P″=sG-zP=sG-zdG=（s-zd）G

   =（（s-z×d）modn）G

代入 s=（d′+z×d）modn 可知 P″=d′G=P′，所以 x（P″）=rmodn。这里面用到的核心关系式是 sG=zP+P′，批验证就是批量检验这个关系式对多个签名是否成立。

4. 批验证

假设有 u 个待验证的签名，其中第 i 个（i＝1，2，…，u）待验证的签名的公钥是 x（P_i），消息是 msg_i，签名是（r_i，s_i）。批验证的程序是：

第一步：生成 u-1 个处于 1 和 n-1 的随机整数：u_i，i＝2，…，u。

第二步：对 i 从 1 到 n，执行下列操作：①根据公钥 x（P_i）恢复 P_i。②计算 z_i＝SHA256（SHA256（tag）‖SHA256（tag）‖r_i‖x（P_i）‖msg_i）。③根据 r_i 恢复 P'_i。这也是根据椭圆曲线 secp256k1 上一个点的横坐标恢复该点本身，并且该点的纵坐标是（模 p）二次剩余。

第三步：验证以下关系是否成立：

（$s_1 + a_2 s_2 + \cdots + a_u s_u$）G＝$P'_1 + a_2 P'_2 + \cdots + a_u P'_u + z_1 P_1 +$（$a_2 z_2$）$P_2 + \cdots +$（$a_u z_u$）$P_u$

根据 Pieter Wuille 及合作者的研究，逐个验证 u 个签名所需时间与批验证所需时间之比为 O（u/logu）（见图 1-2）。

（三）Schnorr 签名算法与多重签名

以下介绍 Maxwell 等（2018）提出的一个基于 Schnorr 签名的多重签名算法，MuSig。

与前文一样，椭圆曲线 secp256k1 中素数 p＝$2^{256} - 2^{32} - 977$，$y^2 = x^3 + 7$，基点 G 及其阶 n 都是公开信息。MuSig 要用到三个哈希函数：H_{com}，用于承诺阶段；H_{agg}，用于密钥聚合（Key Aggregation）；H_{sig}，用于计算签名。这三个哈希函数也是公共信息。

假设有 m 个签名者，i＝1，2，…，m。为简便起见，对公钥使用椭圆曲线上的点，而非仅仅是其横坐标，这样就能简化关于二次剩余的讨论。

1. 密钥生成

第一步：对 i＝1，2，…，m，第 i 个签名者随机选择一个整数 $d_i < n$ 作

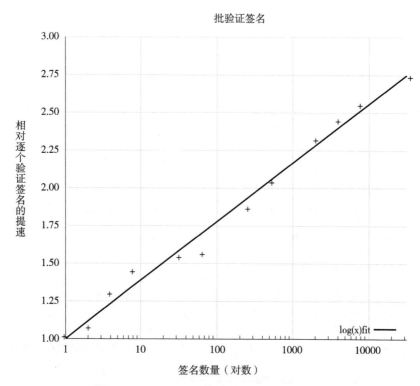

图1-2　逐个验证签名的时间/批验证所需时间

资料来源：参见网址，https：//github.com/sipa/bigs/blob/bip-schnorr/bip-schnorr.mediawiki。

为他的私钥，对应的公钥是 $P_i = d_i G$。用 $L = \{P_1, P_2, \cdots, P_m\}$ 表示所有公钥的集合。

第二步：对 $i = 1, 2, \cdots, m$，第 i 个签名者计算 $a_i = H_{agg}(L \parallel P_i)$ 以及聚合公钥 $\tilde{P} = a_1 P_1 + a_2 P_2 + \cdots + a_m P_m$。不难看出，$a_i$ 可以视为随机数。

2. 签名生成

第一步：对 $i = 1, 2, \cdots, m$，第 i 个签名者随机选择一个整数 $d'_i < n$ 作为本次加密的临时私钥，计算 $P'_i = d'_i G$ 和 $t_i = H_{com}(P'_i)$，并将 t_i 发给所有其他签名者。

第二步：对 $i = 1, 2, \cdots, m$，第 i 个签名者收到所有其他签名者发来的 $t_j (j \neq i)$ 后，将 P'_i 发给所有其他签名者。

第三步：对 $i=1$，2，…，m，第 i 个签名者收到所有其他签名者发来的 P'_j（$j \neq i$）后，验证 $t_j = H_{com}(P'_j)$ 是否成立。如果成立，进入下一步；否则，终止签名程序。

第四步：对 $i=1$，2，…，m，第 i 个签名者计算。

$$P' = P'_1 + P'_2 + \cdots + P'_m,\quad z = H_{sig}(\widetilde{P} \parallel P' \parallel msg),\quad s_i = (d'_i + za_i d_i)\ mod n$$

并将 s_i 发给所有其他签名者。

第五步：对 $i=1$，2，…，m，第 i 个签名者收到所有其他签名者发来的 s_j（$j \neq i$）后，计算 $s = (s_1 + s_2 + \cdots + s_m)\ mod n$。

第六步：多重签名为（P'，s）。

3. 签名验证

在 MuSig 签名验证程序中，已知公钥集合 $L = \{P_1,\ P_2,\ \cdots,\ P_m\}$、msg 和（$P'$，s），其程序如下：

第一步：对 $i=1$，2，…，m，计算 $a_i = H_{agg}(L \parallel P_i)$。计算 $\widetilde{P} = a_1 P_1 + a_2 P_2 + \cdots + a_m P_m$ 和 $z = H_{sig}(\widetilde{P} \parallel P' \parallel msg)$。

第二步：验证 $sG = z\widetilde{P} + P'$ 是否成立。

验证程序的逻辑是：

$$sG - z\widetilde{P} = sG - z(a_1 P_1 + a_2 P_2 + \cdots + a_m P_m) = sG - z(a_1 d_1 + a_2 d_2 + \cdots + a_m d_m)G$$

因为 $s = (s_1 + s_2 + \cdots + s_m)\ mod n$ 和 $s_i = (d'_i + za_i d_i)\ mod n$，所以：

$$s = (d'_1 + d'_2 + \cdots + d'_m + z(a_1 d_1 + a_2 d_2 + \cdots + a_m d_m))\ mod n$$

因为基点 G 生成的循环子群阶为 n，所以：

$$
\begin{aligned}
sG - z\widetilde{P} &= ((s - z(a_1 d_1 + a_2 d_2 + \cdots + a_m d_m))\ mod n)G \\
&= ((d'_1 + d'_2 + \cdots + d'_m)\ mod n)G \\
&= P'
\end{aligned}
$$

第二章　哈希时间锁

哈希时间锁（Hash Time Locked Contract，HTLC）使多个用户之间"条件支付"（Conditional Payment）能以去中心化、无须第三方受信任中介的方式完成。这些用户不一定在同一条区块链上。哈希时间锁最早起源于闪电网络，在多跳支付（即双方在交易过程中可借助多个中间节点来完成交易）、原子交换（Atomic Swap）和跨链交易等中有广泛应用。

本节共分三部分：第一部分介绍 HTLC 合约机制，提出对 HTLC 的序贯博弈分析方法，并分析 HTLC 在应用中遇到的瓶颈；第二部分以 Interledger 的 HTLAs（哈希时间锁定协议）和雷电网络为例，分析 HTLC 的改进方向；第三部分讨论 HTLC 的两个重要应用案例：跨境转账和证券结算。

一、哈希时间锁合约机制

（一）HTLC 工作流程

HTLC 支持"条件支付"：通过多个首尾相连的支付通道串联起来形成的支付路径，支持首尾双方通过支付路径完成支付。HTLC 的核心是时间锁和哈希锁。时间锁指，交易双方约定在某个时间内提交才有效，超时则承诺方案失效（无论是提出方或接受方）。哈希锁是指对一个哈希值 H，如果提供原像 R 使得 Hash（R）= H，则承诺有效，否则失效。如果交易因为各种原因未能成功，时间锁能够让交易参与各方拿回自己的资金，避免因欺诈或交易失败造成的损失。接下来，我们用一个例子说明 HTLC 工作流程。

假设 Alice 想开启一个与 Bob 的交易，交易金额为 0.5 个比特币（BTC），但 Alice 需要通过 Carol 才能与 Bob 建立通道进行交易（见图 2-1）：

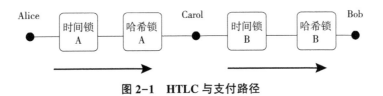

图 2-1 HTLC 与支付路径

第一步：Bob 设定原像 R（也被称为暗示数），把哈希值 H = Hash（R）告诉 Alice。

第二步：Alice 通过 HTLC 向 Carol 进行条件支付，当且仅当 Carol 在 T 时刻前提供与哈希值 H 对应的原像 R，Alice 才向 Carol 支付 0.5 BTC。类似地，Carol 通过 HTLC 向 Bob 进行条件支付。当且仅当 Bob 在 t 时刻前提供与哈希值 H 对应的原像 R，Carol 才向 Bob 支付 0.5 BTC，其中 t<T。

第三步：Bob 如果在 t 时刻前向 Carol 提供 R，获得 0.5 BTC，此时 Carol 知悉 R；反之，0.5 BTC 会返回给 Carol，Carol 不会遭受任何损失。

第四步：Carol 如果在 T 时刻前向 Alice 提供 R，获得 0.5 BTC；反之，0.5 BTC 会返回给 Alice，Alice 不会遭受任何损失。

可以看出两点：第一，在参与者理性前提下，HTLC 中所有"条件支付"要么全部完成，要么全不完成，但所有参与者都能拿回自己的资金，因此交易是原子式的（Atomic）。这是序贯博弈均衡的结果（见本章第三节）。第二，原像 R（信息）和资金相向流动，原像 R 可以被视为收据（Receipt）。在 HTLC 中原像和哈希值的传输可以全部在链下完成，链上只做相关内容的检验，因此可以有效保护客户的隐私信息。

（二）对 HTLC 的序贯博弈分析

在上节 HTLC 例子中，存在 Bob、Carol 和 Alice 三人的序贯博弈（见图 2-2）。图 2-2 采取博弈树形式。博弈树的每个节点都代表一个参与者，从每节点出来的每条边都表示该参与者可选择的一个行动。在博弈树的每一个末端节点上，都有一个三维支付向量。支付向量中的元素依次表示在不同策略组合下 Bob、Carol 和 Alice 的净收益。

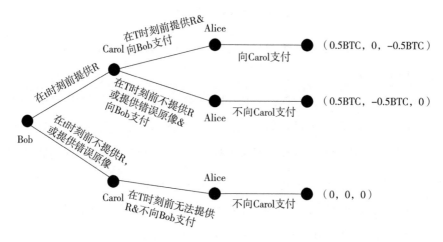

图 2-2　HTLC 序贯博弈分析（1）

序贯博弈程序如下：

首先，Bob 行动。他有两个可选行动："在 t 时刻前提供正确原像""在 t 时刻前不提供或提供错误原像"。

其次，Carol 行动。如果 Bob 选择"在 t 时刻前提供正确原像"，那么 Carol 有两个可选行动："向 Bob 支付，并在 T 时刻前提供正确原像""向 Bob 支付，并在 T 时刻前不提供或提供错误原像"。如果 Bob 选择"在 t 时刻前不提供或提供错误原像"，那么 Carol 只有一个可选行动："不向 Bob 支付，并在 T 时刻前不提供或提供错误原像"。

最后，Alice 行动。在 Carol 选择"在 T 时刻前提供正确原像"时，

Alice 只有一个可选行动："向 Carol 支付"。在其他场景下，Alice 只有一个可选行动："不向 Carol 支付"。显然，Alice 实际上没有选择的自由。

我们用倒推法求解序贯博弈的纳什均衡：从最后阶段开始分析（实际是从 Carol 开始分析，因为 Alice 并无选择行动的自由），每一阶段分析该阶段局中人行动选择和路径，再确定前一阶段局中人行动选择和路径。

首先（见图 2-3，用 X 表示被排除掉的策略路径，下同），在 Bob 选择"在 t 时刻前提供正确原像"的情况下，Carol 选择"向 Bob 支付，并在 T 时刻前提供正确原像"的净收益是 0，选择"向 Bob 支付，并在 T 时刻前不提供或提供错误原像"的净收益是-0.5BTC。因此，Carol 的理性选择是"向 Bob 支付，并在 T 时刻前提供正确原像"。

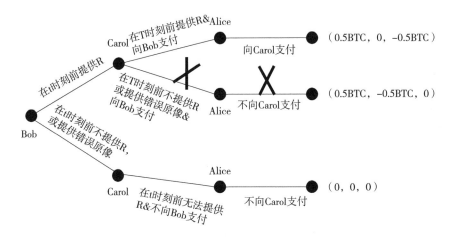

图 2-3 HTLC 序贯博弈分析（2）

其次（见图 2-4），Bob 如果选择"在 t 时刻前提供正确原像"，他的净收益为 0.5BTC；反之，他的净收益为 0。因此，Bob 的理性选择是"在 t 时刻前提供正确原像"。

因此，序贯博弈的纳什均衡策略是：{Bob"在 t 时刻前提供正确原像"，Carol"向 Bob 支付，并在 T 时刻前提供正确原像"，Alice"向 Carol 支付"}。序贯博弈也为分析其他形式的 HTLC 提供了合适工具。

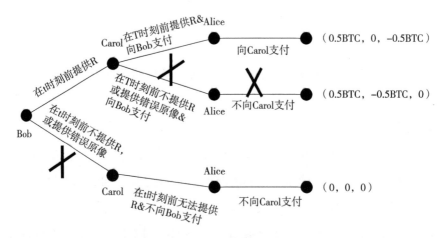

图 2-4 HTLC 序贯博弈分析（3）

（三）HTLC 主要特点

1. 时间敏感性

HTLC 机制对交易时间的敏感性使得交易发起者不必浪费时间持续等待以确定他们的付款是否通过。如果设定时间已过，资金将被退回交易发起者，能够有效避免恶意拖延交易，降低交易对手风险。

2. 去信任化

HTLC 的最大优势是去信任化。HTLC 消除了对中心化交易和受信任中介的依赖。交易可以经由两方或多方执行而不需要它们彼此信任。由于用户不需要将资金提供给第三方托管机构，安全性也会相对提高。交易可以直接从用户的个人钱包发起，大幅地降低了第三方参与的风险。

3. 跨资产交互性

在 HTLC 中，资金锁定实现了质押效果，为不同资产之间的交易提供了信任基础。而原像及哈希密钥的传递，则保证了交易的原子性。

（四）HTLC 应用瓶颈

1. 协议兼容性较低

HTLC 实施需要满足一些必要条件：一是用户资产所在区块链需要基于相同哈希算法（比如都使用 SHA-256 哈希算法）；二是区块链需要兼容 HTLC 和其他可编程功能；三是交易双方需要在同一区块链上有交易账户。这些条件可能会成为 HTLC 推广应用的主要障碍。

2. 时间锁机制造成退款时间过长

时间锁有效降低了交易对手风险。但如果有中间节点因故无法进行交易，则必须等时间锁设定时间结束才能退款。如果发送者在设定时间结束前改变路径，将会承担极大风险。

例如图 1-3 中，Alice 利用 HTLC 通道，通过节点 Carol 给 Bob 转账，但现在由于某些原因，Carol 出现故障，无法在时间锁设定时间内在线，从而 Alice 无法通过 Carol 转账。如果原来的 HTLC 没有到期，Alice 要换路径的话，会面临很大风险。原因是，Bob 可以与 Carol 共谋，Bob 在通过新路径拿到支付金额后，再向 Carol 透露原 HTLC 的原像，从而 Alice 在原来那条路径锁定的资金也就会被 Carol 解锁取走，Alice 就相当于支付了两次。因此，一旦有节点掉线，等待时间锁解锁成为唯一选项。

二、哈希时间锁改进方向

（一）Interledger 的 HTLAs（哈希时间锁定协议）

HTLAs（Hashed Time-Lock Agreements）是 Interledger 提出的基于 HTLC 的泛化协议，目标是不管区块链账本是否支持 HTLC 协议，其是分布式区块链还是中心化账本，系统和系统之间都能使用 HTLAs 实现跨链交换，并且支持多个系统之间的多步跨链交换。在 HTLAs 下，不同用户节点可以根据交易所需通过不同种类的 HTLAs 完成交易，而 Interledger 协议可以确保每个 HTLAs 拥有独立的安全性，不会受其他区块链交易失败的影响（见图 2-5）。

HTLAs 根据系统支持的功能性主要可区分成四种：条件支付通道（Conditional Payment Channels with HTLC）、链上持有/托管（On-Ledger Holds/Escrow with HTLC）、简单支付通道（Simple Payment Channels）以及信任线（Trustlines）。

图 2-5　Interledger 跨链交易过程

1. 条件支付通道

此种协议需要区块链账本支持 HTLC 条件支付通道，并可以在交易结束后更新通道余额。闪电网络的 HTLC 机制属于这类。交易参与者需要在区块链上预先支付一笔资金至双方共有的临时账户中（即通道余额）。当交易开始时，发送者会发送一个带有哈希锁和时间锁以及附带签名的更新到接收者。若接收者能在约定时间内告知哈希锁的原像，则可从账户中获取资金，并且发送者与接收者需要同时签名确认共有账户的余额变动。由于交易的传输和处理时间会被计算在交易时间范围内，所以该种协议更适合支持高速交易的区块链系统。

2. 链上持有/托管

此种协议需要区块链支持 HTLC 协议，并且费率低、交易速度快、吞吐量高。以太坊和 Ripple 第三方托管合约属于此类。交易参与者可以直接通过 HTLC 协议发起跨链交易。交易发起者将要传输的资金先放到区块链提供的特定持有账户中，并且附带哈希锁和时间锁。只有当接收者在约定时间前能提供正确的哈希原像，区块链才将资金发送给接收者，否则区块链会把资金退回给发送者。只要区块链是可信赖的，这种方式可由区块链全权控制交易状态，交易双方没有额外风险。它与条件支付通道的差异是，交易参与者是将资金存放在区块链账户，而非双方共有账户。

3. 简单支付通道

简单支付通道的特点是交易双方可以合并多个交易而只清算最终账户的净轧差。简单支付通道交易发生在区块链之外而非链上，且双方需要在同一区块链上拥有账户。交易分为以下三个阶段：设立阶段、状态更新阶段以及清算阶段。

（1）设立阶段：假设 Alice 和 Bob 进行交易准备，其中一方或双方需要将一定数量的资金托管在一个暂时且共享的支付通道中。

（2）状态更新阶段：在交易开始前，双方先签署一个状态声明，用以表示支付通道中双方资金占比。Alice 会传送一个签署过后带有哈希锁及时间锁的状态声明给 Bob（而非区块链）。该更新后的状态声明呈现了交易结束后双方在支付通道的资金占比分配。唯有当 Bob 在时间锁设定的时间内传送哈希值的原像，状态声明才会更新。交易通道并无方向限制，只要双方余额为正值便可持续双向交易。

（3）清算阶段：一旦有一方参与者想停止使用支付通道，可以执行退出操作——将最后的状态声明更新提交至区块链，结算后的余额会退给发起支付通道的两方。主链可以通过核实签名和最后结余来验证状态更新的有效性，从而防止参与者使用无效状态来退出支付通道。

简单支付通道与闪电网络所使用的条件支付最大差异在于是否有强制性。在两个方法下，双方同样是通过链外协议交换签署过的状态声明进行交易。但在条件支付下，一旦在设定时间内 HTLC 条件满足，区块链会强制执行转账。而在简单支付通道下，即使在设定时间内 HTLC 条件满足，链上转账与否仍是双方操作，并无强制性，因此较依赖双方之间的信任程度。

4. 信任线

信任线是交易双方凭借信任基础进行的一种交易方式。信任线交易发生在链下而非链上，只有最后清算在链上发生。交易可以分为以下三个阶段：设立阶段、状态更新阶段以及清算阶段。

（1）设立阶段：假设交易发送者 Alice 及交易接收者 Bob 在同一个区块链上拥有账户，想要开始一个信任线交易。Alice 首先需要设定 Bob 的信任线额度，这个信任线额度关系到 Bob 可以在双方的信任线做的交易额度而无须清算。同样，Bob 也需要设定 Alice 的信任线额度。

（2）状态更新阶段：在交易开始时，Alice 会传送一道带有哈希锁及时间锁的交易信息给 Bob。当 Bob 在时间锁设定的时间内传送哈希值的原像至 Alice 后，双方的信任线状态会更新，一方余额增加而另一方余额减少。此阶段尚未清算。信任线为双向通道，只要交易总金额并未超过双方信任线额度便可一直进行交易，而无须在链上进行清算。

（3）清算阶段：交易双方将总净额在区块链上清算以结束交易。

信任线和简单支付通道主要有两个差异：一是在信任线机制下，交易双方无须存一笔保证金至通道，可以以最初设定的余额进行逐笔交易，相当于信用交易。二是一旦交易总金额超过双方信任线额度，或是双方同意清算，便可以直接进行一笔链上转账结束交易。而在简单支付通道机制下，任何一方均可主动结束交易，不需双方同意。

表 2-1 为四种 HTLAs 支付方式的比较。可以看出，区块链功能复杂程度与风险程度呈反向变化：支付方式越复杂，交易风险越低；反之亦然。

表 2-1　四种 HTLAs 支付方式比较

	条件支付通道	链上持有/托管	简单支付通道	信任线
对区块链兼容性的依赖	高	高	中	低

续表

	条件支付通道	链上持有/托管	简单支付通道	信任线
操作复杂度	高	中	低	低
对手方风险	低	低	中	高

（二）以太坊的雷电网络

雷电网络是以太坊的一个链下交易方案。根据官网开发路线图，目前方案尚未完备，还在测试阶段。2017 年 11 月底，μRaide（微雷电）正式在以太坊主链上线，可以支持每秒 100 万笔交易。2018 年 3 月，Liquidity. Network 正式加入了雷电网络。雷电网络目标是将交易场景从以太坊转移到支付通道上，期望解决以太坊两大问题——通道拥堵及交易费用高。雷电网络的 HTLC 机制大多承袭闪电网络，但也有部分技术创新。以下介绍两个新增机制：智能条件及重试哈希锁。

1. 智能条件

雷电网络引入"智能条件"（Smart Condition），比闪电网络的 HTLC 机制更为通用。闪电网络的 HTLC 机制是以哈希函数的原像作为密钥，但在雷电网络中，用户可以设定基于任何函数的密钥作为智能条件。这种设计能够让雷电网络的交易更加智能化，但同时也增大了交易的风险与变数。

2. 重试哈希锁

在闪电网络中，HTLC 的原像一般由收款人设置，然后将原像的哈希值提供给付款人。但这种设计存在一定问题：如果付款人想在原先 HTLC 时间锁解锁前发起另一个相同交易，中间人与收款人将有合谋的可能性，导致付款人重复付款。为了缓解这个问题，雷电网络设置了重试哈希锁（Retry Hashlock）。为区分两个哈希锁，下文把闪电网络的哈希锁改称为收据哈希锁（Receipt Hashlock）。

假设 Alice 在雷电网络上支付一笔款项给 Bob，并且 Alice 需要通过

Carol 建立通道才能与 Bob 进行交易。以下为重试哈希锁机制：

第一步：Bob 设定原像 R（收据哈希锁），把哈希值 H = Hash（R）告诉 Alice。

第二步：Alice 设定原像 R*（重试哈希锁），其哈希值为 H* = Hash（R*）。Alice 通过 HTLC 向 Carol 进行条件支付：当且仅当 Carol 在 T 时刻前提供分别与哈希值 H、H* 对应的原像，Alice 才向 Carol 支付资金。

第三步：Carol 通过 HTLC 向 Bob 进行条件支付。当且仅当 Bob 在 t 时刻前提供分别与哈希值 H、H* 对应的原像，Carol 才向 Bob 支付。其中，t<T。

第四步：当 Alice 确认 Carol 发起交易并成功设定与 Bob 的 HTLC 后，Alice 才会向 Bob 提供哈希值 H* 对应的原像 R*。

第五步：Bob 已知 R 和 R*。Bob 在 t 时刻前向 Carol 提供 R、R*，获得资金，此时 Carol 知悉 R、R*。反之，资金会返回给 Carol，Carol 不会遭受任何损失。

第六步：Carol 在 T 时刻前向 Alice 提供 R、R*，获得资金。反之，资金会返回给 Alice，Alice 不会遭受任何损失。

在上述机制中，如果在交易途中 Carol 因故无法向 Bob 进行条件支付（第三步），Alice 可以重新设置重试哈希锁，改以另外途径进行支付。Bob 因为不掌握 R*，不能与 Carol 共谋进行双重支付攻击。

重试哈希锁也适用序贯博弈分析法。因篇幅限制，此处就不展开阐述了。

三、哈希时间锁应用案例

（一）跨境转账

目前，跨境转账存在手续费高、无法实时收款等问题。区块链在跨境转账中的应用一直备受关注，集中体现为央行数字货币和以 Libra[①] 项目为代表的全球稳定币，目标是通过区块链替代跨境转账的代理行模式，以降低交易费用和所需时间。如果两个央行数字货币使用不同的区块链网络，那么两个货币区之间跨境转账就涉及跨链操作和交易对手信用风险管理。这本质上是涉及多个条件支付的多跳支付，是 HTLC 能发挥作用的地方。

2019 年，加拿大银行与新加坡金融管理局成功利用 HTLC 技术完成一笔跨境转账（见图 2-6）。加拿大银行和新加坡银行分别利用 Corda 和 Quorum 区块链平台进行合作。试验使用 HTLC（具体来说，前文介绍的 Interledger 的 HTLAs 协议）来连接两个区块链平台，以提升跨链交易的安全性和清算同步率，提高跨境转账效率。尽管转账过程中仍然离不开中间银行（Intermediary Bank），但位于新加坡和加拿大的中间银行是同一家。

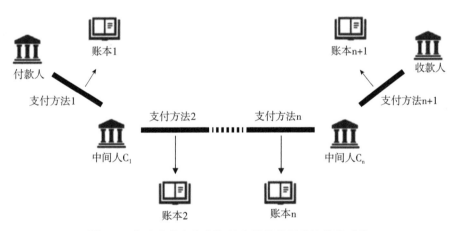

图 2-6　加拿大银行与新加坡金融管理局跨境转账试验

日本银行和欧洲央行的 Stella 项目在第三阶段进行了类似试验。他们比较了四种 HTLAs 支付方式和第三方托管的安全性（见表 2-2）。

---

① 2020 年 12 月，Libra 改名为 Diem。

表2-2　不同支付方式的比较

支付方式	链上/链下	是否托管或有资金锁定	对条件支付的执行	对分布式账本的特定要求
条件支付通道	链下	有	由分布式账本执行	有
链上持有/托管	链上	有	由分布式账本执行	有
简单支付通道	链下	有	无	有
信任线	链下	无	无	无
第三方托管	链上	有	由第三方执行	无

Stella项目特别分析了以下情形：如果付款人破产，托管资金是否安全？具体而言，就是图2-7的多个条件支付中，如果在第4步完成后，Connector 1破产，Connector 2能否执行第5步以拿到资金？

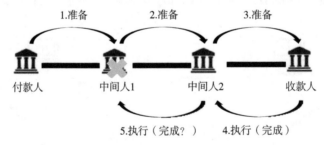

图2-7　多跳支付中有中间机构破产的情形

Stella项目发现，条件支付通道、链上持有/托管和第三方托管都是安全的，而信任线的安全性最差。

（二）证券结算

在跨境转账，资金是单向流动。如果除了资金流动，还涉及另一种经济资源的反向流动，比如证券结算中的券款对付（Delivery vs Payment，DvP），这就涉及原子交换。

原子交换是一种能实现资产在不同网络间进行点对点交换的智能合约，由多重签名及HTLC构成。原子交换具有三个特性：第一，交易具有原子性（要么全部成功，要么全部失败）；第二，如果交易中出现恶意节点作恶，其他节点不会遭受损失；第三，根据序贯博弈分析，节点无作恶动机。HTLC 是原子交换中最核心的概念，确保了原子交换过程中的去中介化。基于 HTLC 的原子交换是跨链解决方案的一种。相对于其他跨链方案，原子交换不需要通过生成新的映像资产完成跨链，交易双方的资产还是通过原有的区块链进行确认，资产的安全性不会发生本质性的变化，因此不具备资产托管的金融属性。

原子交换有两种类型：链上原子交换（On-chain Atomic Swap）和链下原子交换（Off-chain Atomic Swap）。链上原子交换顾名思义就是发生在两个不同区块链系统的交易。链上原子交换需要相当长的时间进行交易验证，因此并不适合作为常规交易使用，较适合应用在大型且频率低的场景。链下原子交换发生在 Layer 2，利用链下支付通道来进行原子交换，闪电网络是其中一个例子。链下原子交换同时支持同构或异构的区块链系统，可以实现不同协议的加密资产转换，交易速度较快。

目前，证券结算采用中心化机构的"限制交付"方法实现 DvP。而在去中心化环境下，DvP 可以基于原子交换来实现。日本银行和欧洲央行的 Stella 项目在第二阶段进行了类似试验，试验分为单链 DvP（Single-ledger DvP），以及基于 HTLC 的跨链 DvP（Cross-ledger DvP with HTLC）。基于 HTLC 的跨链 DvP 并不依赖证券结算网络的连接，可以通过链下原子交换进行 DvP，因此，基于 HTLC 的跨链 DvP 较有可扩展性及可交互性，应用场景较广。

目前基于 HTLC 的跨链只是概念上的实现，具体技术实现有两个主要的风险：第一，当双方并未在时间锁设定的时间内完成交易时，现金和证券会被退回买方及卖方，双方会承受流动性风险。第二，基于 HTLC 的跨链 DvP 的实现需要现金方及证券方两个哈希时间锁条件同时满足。当其中一个哈希时间锁条件（假设为现金）满足，现金交易结算上链；另一个条件（假设为证券）不满足，证券交易退回，证券卖方会获得交易对手的现金以及退回自身的证券，造成证券买方的实质损失。因此，原子交换要成为跨资产交易和结算的金融底层结构，还需要解决许多技术上的问题。

第三章　闪电网络

闪电网络是一种比特币链下支付协议，目标是解决比特币的可扩展性问题。尽管闪电网络还处在早期发展阶段，但"支付网络+闪电网络"利用链下支付和"净额轧差"概念，有助于提高交易效率，降低交易成本。本章分三部分：第一部分介绍闪电网络运作机制，第二部分介绍 2019~2020 年闪电网络技术进展，第三部分介绍闪电网络有待解决的问题。

一、闪电网络运作机制

闪电网络基于微支付通道（双向支付通道）演进而来，由微型银行和支付通道两个概念所构筑，并就支付通道概念设计出了两种类型的交易合同——可撤销的序列成熟度合约（Revocable Sequence Maturity Contract，RSMC）和哈希时间锁定合约（Hashed Timelock Contract，HTLC）。其中，RSMC 解决通道中货币单向流动及确权问题，HTLC 解决货币跨节点传递通道的问题。

闪电网络的优点包括：一是交易费用低廉，无须矿工参与，用户只需为中间节点支付通道费用。二是交易时间迅速，只有少数节点参与，维持秒级交易时间。三是数据存储负担小，大多数数据存储在链下，对链上存储压力不大。四是隐私性，交易数据不上链，隐私性得到一定的保护。

接下来依次介绍闪电网络中的关键组成部分：智能合约（微型银行）、支付通道（RSMC 和 HTLC）、路由和费用机制。

（一）智能合约

闪电网络链上智能合约如同微型银行运作。用户 A 与 B（相互为交易对手）如同微型银行的存款人，而支付通道中的交易就是双方调整各自存款余额的行为。微型银行存在以下要素：①点对点：只存在 A、B 双方；②无须信任：公开、透明、不可篡改、不可伪造；③自治：A、B 共同管理链上资产；④双签：链上资产分配需要双方签名；⑤承诺：双方对存款余额调整方案达成一致，并且双方签名，此消息并不立刻广播到链上，而是由双方存储在本地，并可经由双方同意进行覆盖。

（二）支付通道

支付通道是支付双方以闪电网络托管双方的资产，通过共同承诺重新清算双方的存款余额，以达到价值转移的效果，由 RSMC 及 HTLC 两个合约所组成。

1. RSMC

先假定交易双方之间存在一个支付通道。交易双方先预存一部分资金到微支付通道里，初始情况下双方的分配方案等于预存金额。每次发生交易后，需要对调整后的资金分配方案共同进行确认，同时签字把旧版的分配方案作废。任何一方需要提现时，将他手里双方签署过的交易结果写到区块链网络中并确认。需要强调的是，只有在提现的时候才需要通过区块链。

任何一个版本的资金分配方案都需要经过双方的签名认证才合法。任何一方在任何时候都可以提出提现的请求，提现时需要提供一个双方都签名过的资金分配方案（意味着某次交易后的结果，被双方确认过，但未必是最新结果）。在一定时间内，如果另外一方拿出证明表明这个方案并非最新的交易结果，则提出方的资金归于质疑方（罚金机制）；否则按照提出方的结果进行分配。罚金机制可以确保用户不会故意拿旧交易结果来提现。即使双方都确认了某次提现，提出方的资金到账时间要晚于对方。

（1）RSMC 交易构造。假设 Alice 及 Bob 想进行链下闪电网络交易，并且双方预存金额均是 0.5 个比特币（BTC）。

首先，Alice 和 Bob 各自将 0.5 BTC 的保证金打到一个多重签名地址当中（该地址需要 Alice 和 Bob 同时使用各自私钥才能操作），即 Funding Tx。Funding Tx 交易暂不被签名，也不被广播到链上。

其次，Alice 构造一笔承诺交易 C1a，其中包含一笔退款交易 RD1a。C1a 的第一个输出是 RD1a，由 Alice 另一个私钥 Alice2 和 Bob 私钥的多重签名向 Alice 的地址转入 0.5 BTC。但 RD1a 包含一个 seq 变量以防止其马上进入区块，而是要等 seq=100 个区块。C1a 的第二个输出是向 Bob 的地址转入 0.5 BTC。Alice 将 C1a/RD1a 交给 Bob 签名。

与此同时，Bob 构造一笔承诺交易 C1b，其中包含一笔退款交易 RD1b。C1b 的第一个输出是 RD1b，由 Bob 的另一个私钥 Bob2 和 Alice 的私钥的多重签名向 Bob 的地址转入 0.5 BTC。但 RD1b 包含一个 seq 变量，防止其马上进入区块，而是要等 seq=1000 个区块确认。C1b 的第二个输出是向 Alice 的地址转入 0.5 BTC。Bob 将 C1b/RD1b 交给 Alice 签名。

再次，Bob 对 C1a/RD1a 签名并返给 Alice，同时 Alice 对 C1b/RD1b 签名并返给 Bob。

最后，Alice 检查 C1a/RD1a 以及 Bob 的签名，确认后自己签名。同时，Bob 检查 C1b/RD1b 以及 Alice 的签名，确认后自己签名（见图 3-1）。

可以看出两点：第一，C1a/RD1a 和 C1b/RD1b 在结构上相互对称，实际上是站在 Alice 和 Bob 各自立场上，对双方预存金额均是 0.5 BTC 这一事实的不同表述（"一个产权关系，各自表述"）。这有点类似中国古代"券"的概念：以竹片写作契约，分左右两券，各执其一，其中左券为契约中履约索偿的凭证。但 C1a/RD1a 和 C1b/RD1b 在地位上比左右券平等。

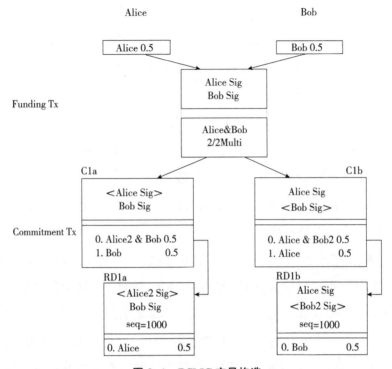

图 3-1　RSMC 交易构造

资料来源：参见网址，https：//blocking. net/1516/bitcoin-lightning-network-rsmc/。

第二，C1a 和 C1b 花费的是同一个交易输出，因此 C1a 和 C1b 中只有一个能被打包进区块。如果 Alice 广播 C1a，那么 Bob 马上就能拿到 0.5 BTC，而 Alice 要等 seq = 1000 个区块的确认后才能拿到 0.5 BTC。反之，如果 Bob 广播 C1b，那么 Alice 马上就能拿到 0.5 BTC，而 Bob 要等 seq = 1000 个区块的确认后才能拿到 0.5 BTC。换言之，如果交易的一方单方面广播交易以关闭支付通道，他将延迟拿回自己的资金，而对方则可以马上拿回自己的资金。这种安排构成对后者的保护。

（2）RSMC 交易更新。假设 Alice 向 Bob 支付 0.1 BTC，那么双方在支付通道内的资金分配方案将从 0.5/0.5 变为 0.4/0.6。与前文一样，按照"一个产权关系，各自表述"的原则，Alice 和 Bob 将分别构造 C2a/RD2a 和 C2b/RD2b，以确认调整后的资金分配方案（见图 3-2）。

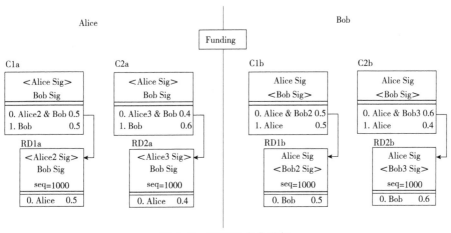

图 3-2　RSMC 交易更新

资料来源：参见网址，https：//blocking.net/1516/bitcoin-lightning-network-rsmc/。

与此同时，双方需要将旧版的资金分配方案（C1a/RD1a 和 C1b/RD1b）签名作废掉。这就要用到"显示以撤销"安排（Reveal to Revoke）。

在 C1a 的第一个输出 RD1a 中，Alice 把自己的另一个私钥 Alice2 交给 Bob，这意味着 Alice 放弃 C1a 而认可 C2a。如果 Alice 反悔，那么 Bob 可以用 Alice2 构造一个惩罚交易 BR1a（见图 3-3）。惩罚交易把 Alice 的资金转入 Bob 的地址，并且不受 seq 变量的制约。如果 Alice 广播 C1a/RD1a，那么 Bob 将广播 BR1a。BR1a 将在 RD1a 之前执行，从而对 Alice 构成惩罚。

反之，在 C1b 的第一个输出 RD1b 中，Bob 把自己的另一个私钥 Bob2 交给 Alice，这意味着 Bob 放弃 C1b 而认可 C2b。类似地，Alice 可以构造惩罚交易对 Bob 进行反制。

由上面不难看出，seq 变量提供了一个实施惩罚和反制的时间窗口。

（3）RSMC 交易终止。关闭支付通道，并根据双方最终认可的资金分配方案构造交易并广播。

2. HTLC

RSMC 已可以满足基础清算要求，但也存在明显的局限性：通过

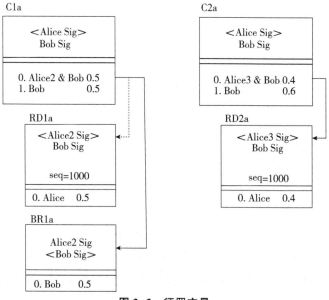

图3-3　惩罚交易

资料来源：参见网址，https：//blocking.net/1516/bitcoin-lightning-network-rsmc/。

RSMC方案进行结算的双方，必须建立直连的支付通道才能支付。基于此痛点，闪电网络需要另一个协议HTLC。HTLC支持"条件支付"（Conditional Payment），通过多个首尾相连的支付通道串联起来形成的支付路径，支持首尾双方通过支付路径完成支付。

总的来说，RSMC保障两个人之间的直接交易可以在链下完成，HTLC保障任意两个人之间的转账都可以通过一条首尾相接的支付通道来完成。闪电网络整合这两种机制，即可实现任意两个人之间的交易都在链下完成。在整个交易中，智能合约起到了中介的重要角色，而区块链网络则确保最终的交易结果被确认。

（三）路由

闪电网络使用源路由和洋葱路由。通过源路由，源节点负责计算从源到目的地的整条支付路径。为此，源节点需要下载完整的公开支付通道表，以便计算出一条支付路径，并根据这条支付路径涉及的所有通道的负载量来计算手续费和所需跳数。在点对点交易中，这个过程会涉及大量数据，而且数据量还会随着网络扩大而增加。而洋葱路由则让交易链中间节点无法得知整个交易发起或接受方，保障了用户隐私。

由于 HTLC 的时限性，交易达成速度不够快就会失效，因此提高交易传播速度对闪电网络效率非常重要。而要提高交易传播速度，最重要的问题便是如何规划最短支付路径。闪电网络运用 PBMC（Probability‑based Mission Control）机制解决这个问题。初始设定每个节点都有一个默认成功率，并根据实际转账完成率调整。网络路由的交易越多，任务控制组件就越了解这个网络的特性，也就能更好地规划支付路径。

（四）费用机制

对于链上交易，用户选择每笔交易的手续费，矿工选择手续费较高的交易生成区块，以最大程度提高收入。但闪电网络目前是以另一种方式运作：节点运营商设定手续费，用户为他们的支付选择路径和通道，以最大程度降低手续费。因此，闪电网络能够提供较低廉的收费架构。运营商提供专门化服务，运营商之间（而非普通用户）就费率展开竞争更加恰当，操作上也更为便捷。

在闪电网络中，节点运营商必须确定两种类型的路由费：基本费和费率。基本费是每次交易通过路由支付时收取的固定费用，而费率则指按支付价值的一定百分比来收费。

此外，为了给路由支付提供流动性，闪电网络节点运营商需要在支付通道锁定一定数量的 BTC，包含入境流动及出境流动。入境流动指节点的支付通道可以接收其他路由节点的最大资金数额。而出境流动则指节点的支付通道可以用来支付其他路由节点的最大资金数额。节点可以控制出境流动，但无法控制入境流动，因为入境流动取决于其他路由节点存放在通道内的资金数额。比如，如果节点 A 要通过路由节点 B 收取节点 C 的 1

BTC，则节点 A 需要有至少 1 BTC 的入境流动，也就是路由节点 B 需要放置至少 1 BTC 在 A、B 之间的通道中，交易才能成功。

入境流动无法控制会造成闪电网络交易效率低下。如果两个节点交易中间隔了一个以上的路由节点，就算自身入境流动余额足够，但无法确认其他路由节点的入境流动余额是否足够。只要有一个路由节点入境余额不够，就会造成交易失败。

节点运营商需要时时调整基本费、费率并监控调整后的影响。因为支付需求通道时常改变，再加上目前费率普遍过低（一个大型节点日均收入为 10 万聪，约等于 7 美元），所以多数节点入不敷出。因此，当前闪电网络中的流动性提供者，并非受投资回报所推动。但为了实现大规模应用，闪电网络费率设计需要重新思考激励力度，通过兼顾投资回报和流动性架构以吸引节点运营商。

二、2019~2020 年闪电网络技术进展

（一）瞭望塔（Watchtowers）

闪电网络白皮书首次描述了瞭望塔机制，该机制在 2019 年得到改善并应用。瞭望塔针对的问题是，使用闪电网络的人需要保持在线状态，以确保他们的交易对手没有试图窃取资金。瞭望塔可以检测到不诚实的一方是否试图窃取资金，然后广播正确交易的消息，将资金发回诚实的一方（即使诚实性节点处于离线状态）。换言之，如果一个不良行为节点试图传播一个旧的交易，瞭望塔就会惩罚该节点。闪电网络用户可以连接专业运营的第三方瞭望塔来保护他们的利益，任何路由节点也都可以运行自己的瞭望塔来保护自身利益。瞭望台还可带来威吓与抑制欺诈的效果。对潜在攻击者来说，因为不清楚交易对手是否链接瞭望塔，欺诈成本会大幅度增

加。图 3-4 显示了瞭望塔的运行机制，瞭望塔实际上是由专业机构代一般用户实施如图 3-4 所示的惩罚机制。

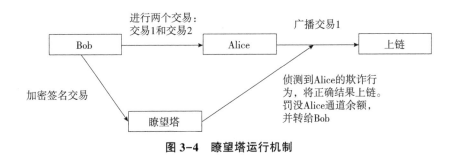

图 3-4 瞭望塔运行机制

延续图 3-1 ~ 图 3-3 的表述，考虑两个交易对手 Alice 和 Bob，各放 0.5 BTC 在通道（即 C1a/RD1a 和 C1b/RD1b，称为交易 1 或"老交易"），然后 Alice 支付 Bob 0.1 BTC（即 C2a/RD2a 和 C2b/RD2b，称为交易 2 或"新交易"）。此时，通道余额应为 Alice 拥有 0.4 BTC，Bob 拥有 0.6 BTC。假设 Alice 想欺诈，把交易 1 含有双方签名的通道状态广播到链上，如果在 seq=1000 个区块确认时间内，Bob 没有上线提出反对，欺诈便会成功，Bob 将损失 0.1 BTC。

假设 Bob 委托瞭望塔来防范交易对手诈欺。Bob 建立一个撤销型交易（即图 3-3 中的 BR1a），授权瞭望塔必要时可以撤销交易对手广播的过期交易。Bob 将该交易预先签名并设定暗示数，将暗示数及预先签名的交易送至瞭望塔。该暗示数可以让瞭望塔识别出过期交易，但不能让瞭望塔得知交易明细或通道余额。

此后，每当区块链上广播新交易时，瞭望塔会根据哈希表来比对暗示数。一旦有交易的暗示数符合 Bob 设定的暗示数，瞭望塔就可知该交易为须撤销的交易。此时，瞭望塔解密 Bob 提供的撤销型交易并证明 Alice 发布的是过期交易，重组并广播 Bob 预先签好名的交易，罚没 Alice 通道内的余额，并转给 Bob。也就是说，只在欺诈行为发生时，瞭望塔才可以解密撤销型交易并得知其中内容，因此不会严重影响用户隐私。

（二）潜交换（Submarine Swaps）

潜交换技术是由 Alex Bosworth 创建，被作为一种无缝衔接链上和链下比特币流通的技术。潜交换运作机制类似 HTLC，但同时涉及链上和链下交易（见图 3-5）。

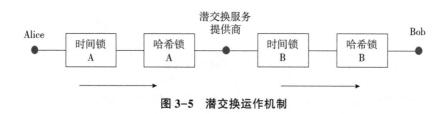

图 3-5　潜交换运作机制

假设 Alice 要将链上比特币支付给闪电网络上的用户 Bob，但是 Alice 并没有闪电网络通道。

第一步：Bob 会设定一组暗示数 R（即原像），并将其哈希值 H 告知 Alice。

第二步：Alice 通过链上 HTLC，将比特币连同 Bob 的闪电网络地址一同送至潜交换服务商，要求潜交换服务商在一定时间内揭示暗示数才能获得这笔链上比特币。类似地，潜交换服务商通过链下 HTLC，将同样数量的比特币通过闪电网络支付通道转到 Bob 的闪电网络地址，要求 Bob 在一定时间内揭示暗示数才能获得这笔链下比特币。

第三步：Bob 揭示暗示数获得链下比特币，潜交换服务商再利用暗示数获得链上比特币，整个潜交换完成。

由此可见，潜交换最大功用是提升链上、链下的互操作性，并因为 HTLC 的特性，能将信用成本降至最低。潜交换可以用来延长支付通道使用寿命。闪电网络交易需要交易双方通道余额充足。当通道流动性枯竭后，用户倾向关掉原有通道，等到下次需要时再开启一个新通道，但这限制了闪电网络通道扩展和商业规模化。在使用潜交换时，用户可以无须经由链上交易，经由潜交换服务提供商就可获得链下比特币，从而维持通道余额。

(三) 原子多路径支付 (Atomic Multi-Path Payments)

目前闪电网络交易单次支付的路由只能是单方向的。假设 Alice 要支付 0.01 BTC 给用户 Bob，那么他不仅必须在单通道上有 0.01 BTC，而且该路由上的所有中间商也必须在通道中准备好 0.01 BTC 才能进行交易。换句话说，支付额越大，就越难找到合适的支付路径。

多路径支付的想法在 2018 年已经有丰富的讨论，最初想法如下：将大额付款分割成小部分款项，这些小部分款项再通过不同的节点运营商从付款人转移到收款人手里。该解决方案面临的挑战是，利用闪电网络支付有失败的可能，将一笔交易分割为多笔交易可能出现部分交易成功而部分交易失败的情况。换言之，越大额的支付越可能出现部分支付的问题，这会制约用户使用闪电网络进行大额付款的意愿。

解决方法是原子多路径支付，简单来说就是多路径支付+防部分支付机制。"原子"的含义是：仅当所有小额支付均成功时，交易对手才会收到完整的付款；如果某些小额付款失败，那么整个交易就会失败，资金将退回付款方。

原子多路径支付流程见图 3-6。

原子多路径支付有如下好处：第一，提升隐私性。不管拆分成多少个通道来支付款项，只有交易双方知道其中的过程。第二，提升支付体验。用户可以一次性转出大额款项，无须考虑通道金额上限问题。

(四) 中微子协议 (Neutrino)

中微子协议由一条"过滤层"链组成。每一个过滤层和一个比特币区块连接，以压缩的方式代表其连接的区块，过滤层相较于原区块大小约压

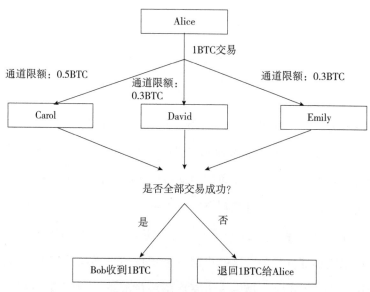

图 3-6　原子多路径支付流程

缩 250 倍。中微子协议目的是减轻客户端硬件设施的负担，只撷取和交易双方相关的数据，避免硬件设施需要和比特币主链时刻同步。中微子协议运行流程见图 3-7。

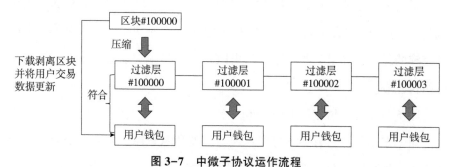

图 3-7　中微子协议运作流程

　　每当一个新区块产出，全节点计算区块对应的中微子过滤层，并发送给闪电网络上所有中微子客户端。因此，大约每 10 分钟，客户端会收到一个中微子过滤层，客户端比对所有钱包，看是否有任何交易与钱包用户相关。一旦发现该区块包含钱包用户相关交易，客户端会下载"剥离区块"。"剥离区块"只包含交易数据，不包含签名和"见证"数据，可以让客端减少一半以上硬件负担。通过新数据，客户端得以更新钱包余额。

一般来说，闪电网络钱包运营商希望提供的产品具有高用户体验及低使用门槛的特点，但提高易用性往往会降低安全性，比如个人资料遭窃取或用户资产丢失。此外，大量数据承载使闪电网络难以在移动端实现。中微子协议让用户不必运行全节点，且可以在移动设备上进行操作，对用户量扩展有极大帮助。

（五）节点身份验证

提升闪电网络支付稳定性的一个重要因素就是节点身份认证。当节点创立支付通道时，用户可以看到这个节点过往的相关资讯，而这些资讯与节点在现实世界的身份完全脱钩，并且节点无须信任第三方来管理这些身份。传统平台的情况下，当用户进行线上支付或网站访问时，时常需要提交电子邮件信箱、信用卡资讯、账号密码等多项个人数据，等同于被迫承担数据外泄的风险。而闪电网络上的身份具备自主权，可以随意进入及离开，开发者可以在不提供个人信息的情况下，在平台上开发盈利性工具及应用。

目前闪电网络通过两种方式来做节点身份认证。第一，公开信誉分数。闪电网络根据各种公开变量（节点运行时间、手续费，通道资历、通道品质等）计算路由节点的信誉分。这个分数能够让闪电网络用户参考并分配他们的流动性以获得最大利润。第二，闪电网络认证协议（LSAT）。LSAT 是 Lightning Labs 推出的身份认证协议，兼具网上身份及支付收据的功用。这些收据称为 Macaroons，是一种 API 凭证标准。当用户试图访问需要付款的资源时，LSAT 通过 HTTP 提供服务，同时提供闪电网络收据。用户通过闪电网络支付收据后便可享用服务而无须输入用户名及密码。同时，收据是经过加密验证的，服务企业或平台不会清楚支付者的真实身份，为终端使用者保护了更多的隐私。

LSAT 相较传统 HTTP 身份认证有几个好处：第一，良好的灵活性。用户除了可以建立一个设有到期期限的访问权限外，还可以以计量付款的方式来购买服务。用户还可以将自身 LSAT 拆分出售，或是授权给其他节点使用。LSAT 是介于订阅制及一次性付费制之间的一种订价模式，更为灵活且合理。第二，永续性。如果 HTTP 网络使用 LSAT 作为使用者登入的 API 接口，用户可以通过闪电网络支付，并利用 LSAT 作为付款凭证在网络上购物，如购买电子书内容或视频。用户不用将它下载至本地或再次购买，只需未来登录服务器并重新检索即可。服务器可以通过 LSAT 得知用户的永续登录权限，也可以得知产品是否被转移至其他节点使用。LSAT 对服务提供商来说将是一项重要的基础建设，并且对传统互联网上提供服务的订价模型及支付逻辑都将有创新性的改变。同时，LSAT 可能将会对现有的数据服务拆分所有权的付费方式有长远的影响，而这些资金流都将通过闪电网络实现，有助于闪电网络生态的扩展。

（六）数据传输

闪电网络的路由结构有三个特点：第一，闪电网络使用洋葱路由保护交易双方在交易数据传输过程中的隐私不被监控。洋葱路由的基本逻辑是利用多个节点传送信息，并且通过密码学保证每个节点仅可获得局部资讯，无法得知全局资讯。第二，闪电网络具有由节点组成的路由回路，可以允许支付及数据传输。第三，2020 年闪电网络的版本更新。闪电网络允许用户将一定量的数据附加到一笔支付上，且可以利用 Keysend 付款，节点无须每次交易生成 Invoice 便可完成收款。综合以上三点我们可以发现，闪电网络除了可以做高频小额的比特币支付外，它也有发展数据网络的潜力。目前闪电网络数据传输技术尚在早期，开发者对用户发送内容的容量大小及形式均有限制。以 Sphinx. chat 为例，用户只能上传不超过 30MB 的文字或多媒体内容。

传统的加密信息传递是通过中心化机构将双方消息加密，除了有第三方机构可信程度的问题，还有单点故障的风险。而闪电网络作为数据传输平台有三个优势：第一，隐私性。闪电网络通过隐藏传输信息（路由路径长度或是节点身份等）保护网络不受中继节点的相关攻击。第二，去中心化。闪电网络消息的传递借由数千个节点进行通信传递。用户可以通过与收件人之间建立直接通道发送消息，无须通过任何中介机构。第三，闪电网络具有激励机制。激励机制很大一部分是生态维系的关键，闪电网络节点默认中继节点可以向用户收取手续费以维持生态的扩展。

（七）离散日志合约（Discreet Log Contracts，DLC）

离散日志合约由麻省理工学院数字货币计划提出。DLC 是一种能将外部信息引入比特币网络的方法，能够将类似智能合约的功能与闪电网络相结合。实现 DLC 具体有三个步骤：首先，交易双方协定赌注的内容并向支付通道中抵押一笔赌注的资金，资金由 2—of—2 双方签名锁定。其次双方在链下各自发起交易并由对方签名，指明了双方获得赌注金额的条件，条件成立与否由预言机判定。最后，预言机广播结果，条件成立的交易方可以完成签名并取回资金关闭通道。

DLC 有几个好处：第一，灵活性高。第二，DLC 利用 Schnorr 签名隐藏预言机的合约细节，确保预言机无法更改合约的输出，且能够保证用户隐私。第三，可扩展性强，大部分的交易数据不必存储在比特币主链上。但是目前 DLC 和闪电网络结合的实施层面上有许多缺陷，关键在于预言机的可信程度。预言机涉及真实世界资讯与区块链的连接，如果外界资讯以不受审查的方式进入，将有真实数据不可信的问题。而如果将预言机交由第三方托管，抗审查能力则受到限制。除此之外，闪电网络尚未经过严格的安全性考验，通道的安全程度是否能承载大额资金尚未可知。

三、闪电网络有待解决的问题

（一）节点需保持在线

为使交易成功，闪电网络节点需要时时在线，相比传统支付系统并不方便。闪电网络用户并没有冷存储资金的选择，用户无法安全地存储资金。虽然瞭望台能解决不在线欺诈的行为，但也让整个生态趋向中心化。如果一个重要节点下线，容易让整个网络流动性大幅下降，甚至造成用户资金冻结数天的情况。

（二）路由经济设计不佳

闪电网络为高隐私性而实行洋葱路由。在洋葱路由下，每个节点只知道前后两个节点的地址，没法重新还原整条链或确定收款人的身份，中间方只在掌握须知信息的基础上进行传输。实际操作中的问题在于，无法得知究竟哪个节点在线，哪个节点能连通到目的用户。虽然寻找最短路径不是难题，已经有很多成熟可靠的算法，但是交易过程中，闪电网络需要计算整条路径的费用。一旦中间有个节点发送失败，发起交易的用户除了要重新发送交易以外，还要从起始节点开始重新计算费率，造成时间浪费及用户体验下降。

为了提高交易成功率，每个节点都需要维护所有的节点和通道列表。随着网络规模增大，这个表也越来越大，需要同步和更新的消息也越来越多，这会占用大量带宽。即使如此，发送前无法保证一定成功，发送过程中通道还有可能被关闭。可能解决方式是建造一个可信赖的路由网络，由规模化的商业节点负责担任路由节点，构建一个成本低且高效的路由网。

（三）闪电网络节点盈利无法覆盖成本及风险

运营一个闪电网络节点的成本＝架设节点成本＋运营成本＋锁定资金流动性成本，而风险则为闪电网络或节点遭受黑客攻击的可能。闪电网络节点目前还缺乏可持续的商业模式。

（四）闪电网络为天然垄断市场，小型节点逐渐无法生存

由于闪电网络开关通道费用的设计，用户多开一个通道就多一笔开关通道费，且各节点的服务高度同质化，不同之处主要是连接其他节点数量多寡。因此，用户倾向找一个较多连接其他节点的节点，这样不仅交易较容易成功，所需支付的通道费也越低。从经济层面考虑，中心化超级节点是用户较为理想的选择，但集中化的节点也会造成路由路径缩短，虽然能够提升交易效率，但也会导致隐私及单点故障问题。

（五）网络安全及稳定性

闪电网络节点之间由多个首尾相连的支付通道串联起来形成的支付路径，并通过哈希时间锁定合同（HTLC）进行条件支付。HTLC 允许参与者通过无信任的中间节点来付款，以确保他们中的任何一个都不会窃取资金。如果中间节点试图窃取资金，则另一方可以在有限的时间内将交易广播至区块链以索取资金。

攻击者可以通过同时创立源节点及目标节点（交易双方），来窃取中间节点的资金。假设 Bob 设立两个节点意图窃取中间节点 Carol 资金，Bob 会向 Carol 提供原像 R，以获得 Carol 资金。并且，Bob 会在 Carol 向同样是 Bob 设立的源节点提供 R 并试图获取资金时，直接关闭通道拒绝交易，迫使 Carol 需要在一定的时间内将交易广播至区块链索要资金。而当 Bob 向多条路径同时发起攻击时，将会有大量中间节点向比特币主链索要资金，

区块链将会拥塞。Bob 便可利用区块链拥塞来窃取在截止日期之前未领取的资金，完成攻击。HTLC 攻击见图 3-8。希伯来大学工程与计算机科学学院的副教授 Aviv Zohar 的论文指出，即使向受害者的拥塞的交易分配了区块中所有可用空间，目前攻击者只需同时发起 85 个通道攻击便可以成功窃取资金。

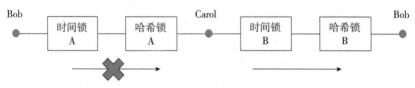

图 3-8   HTLC 攻击示意图

除此之外，通过闪电网络支付的成功率会随着金额的增加而逐渐下滑，平均的支付成功率只有 50% 左右，稳定性并不高。

闪电网络从技术角度在设计和实现上仍处于相对早期的阶段，2020 年 c-lightning 发布的新版本中也支持了大通道支付。未来的技术发展重心将聚焦在支付网络的稳定性、隐私性及可用性上。

第四章　跨链技术

央行数字货币正在兴起，但各国的央行数字货币是基于不同的区块链。在跨境转账、券款对付等场景中，价值需要在不同的区块链上进行流转，必须实现互联互通。跨链技术是实现链间交互的解决方案。

一、主要跨链技术介绍

不同区块链之间的信息隔离会造成区块链的孤岛效应，大大限制了区块链的价值转移能力和应用范围。跨链技术可以把不同的区块链连接起来，实现不同链之间的互联互通。目前，主流的跨链技术包括公证人机制、哈希时间锁、侧链和中继链。

（一）公证人机制（Notary Schemes）

公证人机制是所有跨链技术中最简单的一种，不同区块链之间使用共同信任的第三方充当公证人进行连接。公证人为交易双方创建资金托管，当所有交易参与方对这笔交易达成共识时，便可自动触发交易。根据公证人的数量和签名方式，公证人机制可以进一步细分为单签名公证人机制、多签名公证人机制和分布式签名公证人机制等。

因为公证人机制非常简单，所以这种模式的适用范围非常广泛，理论上可以用于任意两条区块链之间的交互。但也有观点认为，公证人机制是中心化的产物，与区块链的去中心化理念不相符。

（二）哈希时间锁（Hash Time Locked Contract，HTLC）

哈希时间锁最早起源于闪电网络，使多个用户之间的"条件支付"能以去中心化、无须第三方受信任中介的方式完成，在多跳支付、原子交换和跨链交易中有广泛应用。

HTLC 的核心是时间锁和哈希锁。时间锁是指，交易双方约定在某个时间内提交才有效，超时则承诺方案无效（无论是提出方或接受方）。哈希锁是指，对一个哈希值 H，如果提供原像 R 使得 Hash（R）= H，则承诺有效，否则无效。如果交易出为各种原因未能成功，时间锁能够让交易参与各方拿回自己的资金，避免因欺诈或交易失败造成的损失。

（三）侧链（Sidechain）

侧链是一种锚定主链代币并使该代币可以在主链和侧链之间进行价值转移的协议。最初，侧链是一种解决主链可扩展性问题的扩容技术，可以读取主链的事件和状态。一般来讲，主链可以不知道侧链的存在，而侧链必须要知道主链的存在。需要注意的是，侧链实现的是货币价值的转移，不是货币的转移。

双向锚定是实现侧链的基础，即暂时将主链上的代币锁定，然后将等价值的代币在侧链上释放；当等价值的代币在侧链上被锁定时，释放主链上被锁定的原始代币。针对双向锚定中的资产管理和监督问题，目前主要有以下三种模式：单一托管人模式、联盟托管模式和 SPV 模式（Simple Payment Verificaiton）。

（四）中继链（Relay）

中继链本质上是公证人机制和侧链机制的融合与扩展，可以视为侧链的升级版本。Cosmos 和 Polkadot 采用的都是基于中继链的异构多链系统。

中继链技术还处在项目早期，很多功能还有待在实际运行中检验。

（五）技术方案的对比

跨链技术方案的对比见表4-1。

表4-1　跨链技术方案的对比

	公证人机制	哈希时间锁	侧链	中继链
信任模型	多数公证人是诚实的	链自身安全	链自身安全	大多数中继链验证人是诚实的或接入链自身安全
传递消息类别	不限	仅限资产	不限	不限
参与链数量	多链	双链	双链	多链
实现难度	中等	简单	中等	困难
实际应用	Ripple 和银行	闪电网络	BTC Relay	Cosmos 和 Polkadot
局限性	依赖第三方公证人	场景单一，并且发起人掌握主动权	有效性验证对区块数据结构有要求	适合拥有绝对一致性共识的链接入

二、跨链技术在金融基础设施的应用

各国央行着重于研究区块链技术在支付系统、证券结算系统、同步跨境转账等金融市场基础设施的应用，这同时也是央行数字货币未来主要的应用场景。对于央行数字货币而言，上述几种跨链技术的适用性存在明显的差别。

理论上讲，公证人机制非常简单，可以直接采用开源的 Interledger 协议。公证人机制适用于任意两条区块链之间的交互，实现不同央行数字货币之间的跨链转账。同时，如果由商业银行来充当公证人的角色，可以直接复用部分现有的银行体系。当两个不同国家的用户和商家进行支付和转账时，商业银行作为公证人为交易双方创建资金托管，当交易参与方达成共识后便可触发交易。在现行的系统中，跨境转账涉及银行账户操作复杂、国际支付标准不一、流程透明度低、监管重复、费用高等缺点。采用公证人机制的央行数字货币之间的跨境转账则可以避免这些缺点。

但在实际应用中，使用公证人机制还存在一些问题。央行数字货币是央行对公众的负债，最终的结算服务必须通过各国的中央银行。而不同中央银行之间进行跨链交互时，公证人角色是很难选择的。商业银行的信用低于中央银行，不能为中央银行担任公证人；而 IMF 和 BIS 这类国际金融机构的信用高于一般商业银行，但这类机构的信用也很难说高于主要中央银行。因此，公证人机制在央行数字货币中的应用存在公证人的选择问题。

对于哈希时间锁来讲，Ubin、Stella 和 Jasper 等各国央行主导的区块链研究项目都非常重视对哈希时间锁的研究和使用。在这些研究项目中，哈希时间锁可以成功实现跨账本券款对付、同步跨境转账等功能。在参与者理性的前提下，哈希时间锁中所有"条件支付"要么全部完成，要么全不完成，但所有参与者都能拿回自己的资金，交易是原子式的。同时，原像（信息）和资金相向流动，原像可以被视为收据。

但并不是所有参与者都会做出理性选择，哈希时间锁不是一种完美的解决方案。Stella 项目测试发现，使用 HTLC 的跨账本券款对付可能发生结算失败，并导致两种不同结果。第一种结果是资金和证券被退还给各自原始持有人，两个交易对手方都不会承担太大风险，但会面临重置成本风险和流动性风险。第二种结果是资金和证券都会被一个交易方获得，另一方会承担较大的本金风险。目前，哈希时间锁还存在缺陷，需要进一步改进。

对于侧链技术方案来讲，在这种机制中存在主链和侧链，主链可以不知道侧链的存在，而侧链必须要知道主链的存在，通过侧链技术方案进行交互的区块链之间有明显的主次之分。而不同的央行数字货币之间的关系是对等的，侧链机制与央行数字货币的实际情况不相符。所以，侧链技术方案是不适用的。

从结构上看，中继链技术方案适用于不同央行数字货币之间的交互。各国的央行数字货币以平行链的形式接入同一个中继链。各国央行可以担任中继链验证人，运行中继链节点、保护中继链的安全。但是，中继链技术方案的实现难度比较高，实际运行经验还非常少。

综上所述，对于央行数字货币而言，几种主流的跨链技术方案具有不同的特点和适用性。公证人机制理论上可以实现不同央行数字货币之间的跨链转账，但存在公证人的选择问题；哈希时间锁受到各国央行的重视，可以成功实现央行数字货币的跨账本券款对付、同步跨境转账等功能，但哈希时间锁还存在缺陷，需要进一步改进；侧链技术方案对于央行数字货币不适用；中继链技术方案的实际运行经验非常少，如果未来能成功实现中继链功能，对于央行数字货币会是一种可行的选项。

第五章　安全多方计算

数据是一个复杂概念，有多种类型和丰富特征。随着时代从互联网转变至区块链，数据即将成为可产生经济价值的资产。但是，大多数企业考虑到数据安全和个人隐私等问题，对数据共享都非常谨慎。对个人数据而言，控制权和隐私保护的重要性超过所有权。因此，企业在面临数据输入的隐私及输出的结果上常常遇到平衡上的困难。举例来说：医院需要与保险公司分享病患数据，但又不能泄露病患的个人隐私。安全多方计算（Secure Muti-party Computation）提供了一种技术上的解决方案，能够在无可信第三方的情况下安全地进行多方协同计算。本章分为三个部分：第一部分安全多方计算简介；第二部分研究安全多方计算实现形式；第三部分安全多方计算应用与困难。

一、安全多方计算简介

（一）定义

安全多方计算可以定义为在一个分布式网络且不存在可信第三方的情况下，多个参与实体各自持有秘密输入，并希望共同完成对某函数的计算且得到结果，前提是要求每个参与实体均不能得知除自身外其他参与实体的任何输入信息。

以下为安全多方计算的数学表述：有 n 个参与实体 P_1，$P_2\cdots$，P_n，要以一种隐私保护的方式共同计算一个函数，所谓的隐私保护是指输出结果的正确性和输入信息、输出信息的保密性。每个参与实体 P_i 有一个自己的秘密输入信息 X_i，n 个参与实体要共同计算一个函数 f（X_1，X_2…，X_n）=［Y_1，Y_2…，Y_n］，Y_i 为参与实体分别得知的运算结果。计算结束时，每个参与实体 P_i 只能得知 Y_i，不能获得其他参与实体的任何信息。

（二）安全多方计算架构

安全多方计算主要分为两个参与方：参与节点及枢纽节点。各个参与节点地位相同，可以发起协同计算任务，也可以选择参与其他方发起的计算任务。枢纽节点不参与实际协同计算，主要用于控制传输网络、路由寻址及计算逻辑传输。此外，在去中心化的网络拓扑里，枢纽节点是可以删减的，参与节点可以与其他参与节点进行点到点连接，直接完成协同计算。安全多方计算技术框架见图 5-1。

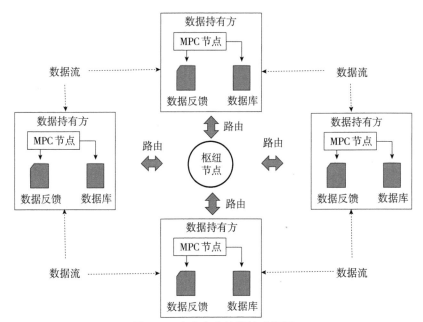

图 5-1　安全多方计算技术框架

安全多方计算过程中，每个数据持有方可发起协同计算任务，并通过枢纽节点进行路由寻址，选择相似数据类型的其余数据持有方进行安全的协同计算。参与协同计算的多个数据持有方的参与节点会根据计算逻辑，从本地数据库中查询所需数据，共同就安全多方计算任务在密态数据流间进行协同计算。整个过程各方的明文数据全部在本地存储，并不会提供给其他节点。在保证数据隐私的情况下，枢纽节点将计算结果输出至整个计算任务系统，从而各方得到正确的数据结果。

安全多方计算主要有三个特性：第一是隐私性。安全多方计算首要的目的是各参与方在协作计算时如何对隐私数据进行保护，即在计算过程中必须保证各方私密输入独立，计算时不泄露任何本地数据。第二是正确性。多方计算参与各方通过约定安全多方计算协议发起计算任务并进行协同计算，运算数据结果具备正确性。第三是去中心化。安全多方计算中，各参与方地位平等，不存在任何有特权的参与方或第三方，提供一种去中心化的计算模式。

（三）安全多方计算信任环境

安全多方计算的信任环境或者说整体安全定义通常由真实—理想模型（Real-Ideal Paradigm）来表达。在真实—理想模型中，存在一个虚拟的"理想"环境，与真实环境进行比较。在理想环境里，所有参与方都会将各自的秘密数据发送给一个可信第三方，由可信第三方完成计算。而在真实环境下，不存在这样的可信第三方，所有参与方通过互相交换信息，完成协同计算，并且会存在敌手进行控制其中部分参与方的情况。一个安全多方计算系统满足在真实—理想模型下的安全性，是指真实环境下的敌手无法产生比理想环境下的攻击者更多的危害；换言之，如果存在敌手可以对真实环境造成危害，那么也存在敌手可以对理想环境造成同等效果的危害。由逆否命题可知，事实上，不存在敌手能对理想环境造成危害，从而可以得出结论：不存在真实环境下的成功的敌手。

一般而言，在安全多方计算中，根据攻击者的能力差异可以定义两种不同的攻击者相关安全模型。第一，半诚实模型（Semi‒Honest Adversaries' Security）。在半诚实行为模型中，假设敌手会诚实地参与安全多方计算的具体协议，遵照协议的每一步进行，但是会试图通过从协议执行过程中获取的内容来推测他方的隐私。第二，恶意行为模型（Malicious Adversaries' Security）。在恶意行为模型中，恶意节点可能会不遵循协议，采取任意的行为（例如伪造消息或者拒绝响应）获取他方的隐私。

目前有许多安全多方计算的改进方案，可以达到恶意行为模型下的安全性，但是都需要付出很大的性能代价，大规模的安全多方计算产品，基本上通常只考虑半诚实模型，恶意行为模型的解决方案会严重影响效率和实用性。

二、安全多方计算实现形式

（一）秘密共享

秘密共享是在一个常被应用在多方安全签名的技术，它主要用于保护重要信息不被丢失或篡改。通过秘密共享机制，秘密信息会被拆分，每个参与者仅持有该秘密的一部分，个人持有部分碎片无法用于恢复秘密，需要凑齐预定数量（或门限）的碎片。假设多方安全签名中存在一个秘密 S 作为签名的私钥，将秘密 S 进行特定运算，得到 w 个秘密碎片 S_i（$0 < i \leqslant w$），交给 w 个人保存，当至少 t 个人同时拿出自己所拥有的秘密碎片 S_i 时，即可还原出最初的秘密 S，t 则为秘密共享设定的预订门限，少于 t 个参与者则无人能够得到秘密 S。

（二）不经意传输（Oblivious Transfer）

不经意传输是一种密码学协议，被广泛应用于安全多方计算领域，它解决了以下问题：假设 Alice 有两个数值 v_0 和 v_1，Bob 想知道其中的一个数值v_i，$i \in \{0, 1\}$。通过不经意传输 Bob 可以知道 v_i，但不知道 v_{1-i}，同时 Alice 不知道 i。举例来说，Alice 手上有两组密封的密码组合，Bob 只能获得一组密码且 Bob 希望 Alice 不知道他选择哪一组密码。这时候就能利用不经意传输来完成交易，流程见图 5-2。

图 5-2　不经意传输示意图

不经意传输存在双方角色，发送者与接收者。一个可行的具体实现过程分为四个步骤：条件假设接收者希望知道结果M_1，但不希望发送人知道他想要的是M_1。第一，发送者生成两对不同的公私钥，并公开两个公钥 S_1 及 S_2。第二，接收者会生成一个随机数 k，再用S_1对 k 进行加密，传给发送者。第三，发送者用他的两个私钥 S_1 及 S_2对这个加密后的 k 进行解密，用S_1解密得到随机数 k_1，用S_2解密得到随机数 k_2。k_1和 k 相等，而k_2则为一无关的随机数。但发送者不知道接收人加密时用的哪个公钥，因此他不知道他算出来的哪个 k 正确。第四，发送者把 M_1 和 k_1 及 M_2 和 k_2 分别进行异或，把两个异或值传给接收者。接收者只能算出 M_1 而无法推测出M_2，同时发送人也无法知道他能算出哪一个结果。

（三）混淆电路（Garbled Circuit）

混淆电路是姚期智教授在 20 世纪 80 年代提出的安全多方计算概念。

混淆电路是一种密码学协议，遵照这个协议，两个参与方能在互相不知晓对方数据的情况下计算某一函数。举姚氏百万富翁问题（Yao's Millionaires' Problem）为例，两个百万富翁 Alice 和 Bob 想在不知道对方精准财富值的情况下比较谁的财富值更高。比如 Alice 的财富值是 20，Bob 的财富值是 15，借由混淆电路，Alice 和 Bob 都可以知道谁更富有，但是 Alice 和 Bob 都不知道对方的财富值。混淆电路的核心逻辑是先将计算问题转换为由与门、或门、非门所组成的布尔逻辑电路，再通过公钥加密、不经意传输等技术来扰乱这些电路值以掩盖信息，在整个过程双方传输的都是密码或随机数，不会有任何有效信息泄露。因此双方在得到计算结果的同时，达到了对隐私数据保护的目的。

假设存在双方 Alice 及 Bob 进行混淆电路协议。混淆电路实现过程分为四个步骤：第一，Alice 生成混淆电路。如图 5-3 所示，Alice 生成的混淆电路中间会连接许多逻辑门，每个逻辑门都有输入线及输出线，且都有一组真值表（Truth Table）。第二，Alice 与 Bob 通信。Alice 将逻辑门的真值表对称加密并将真值表的行列打乱成混淆表（Garbled Table）传送至 Bob。第三，Bob 在接收到加密真值表后，对加密真值表的每一行进行解密，最终只有一行能解密成功，并提取相关的加密信息。其中，Bob 通过不经意传输协议从 Alice 获得对应的解密字符串。不经意传输能够保证 Bob 获得对应的解密字符串，且 Alice 无法得知 Bob 获得哪一个。第四，Bob 将计算结果返回给 Alice，双方共享计算结果。由于双方需对电路中每个逻辑门进行几个对称密钥操作，因此使用混淆电路方案的计算复杂度相对也较高，并且当扩展到参与方较多的计算场景时会更加复杂。

（四）零知识证明

零知识证明指的是示证者能够在不向验证者提供任何有用信息的情况下，使验证者相信某个论断是正确的。零知识证明存在双方或多方角色：

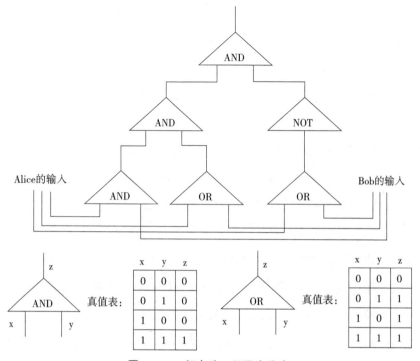

图 5-3　一般电路、门及真值表

示证者（Prover）与验证者（Verifier）。示证者宣称某一命题为真，而验证者确认该命题是否为真。

经典的零知识证明（Sigma 协议）通常包含三个步骤：第一，示证者先根据命题内容向验证者发送命题论述，这个论述必须经过处理转换成密态论述（一般称为"承诺"），且命题内容无法在后续的某一时刻进行篡改和抵赖。第二，验证者随机生成一个挑战并发给示证者。第三，示证者根据挑战和命题论述生成证明信息发给验证者。验证者利用证明信息判断示证者是否通过了该次挑战。重复多次这三个步骤，可以降低示证者是因为运气的成分通过挑战的概率。示证者提供的密态命题论述有两个作用，一来可以防止示证方对命题内容临时造假，二来可以让验证者无法得知全部信息，保持隐私性。

零知识证明具备三个属性：第一，完背性。如果论述命题确实为真，那么诚实的验证者一定会被诚实的示证者说服。第二，可靠性。如果论述命题为假，那么示证者只能以很小的概率欺骗诚实的验证者。第三，零知识。验证者只能知道论述命题是否为真这一结果，而无法从整个交互式证明过程里获得其他任何有用的信息。安全多方计算通常会利用零知识证明作为辅助手段，举例来说，验证恶意节点发送虚假数据或是做节点身份证明等。

三、安全多方计算应用与困难

目前来说，安全多方计算主要是通过混淆电路及秘密共享两个方式实现。基于混淆电路的协议更适用于两方逻辑运算，通信负担较低，但拓展性较差。而基于秘密分享的安全多方计算其拓展性较强，支持无限多方参与计算，计算效率高，但通信负载较大。目前安全多方计算的应用可以分为两个部分：数据融合及数据资产化。

（一）数据融合

让双方或多方数据融合并合作是目前安全多方计算能够发挥最大价值之处。举例来说，联合征信。银行拥有用户金融行为相关数据，而互联网公司一般拥有用户网络的使用数据，如何让两方的数据合作，共同建立一个信用模型，是数据协作的一个关键的问题。利用安全多方计算，可以在双方保留隐私的情况下找到共用的数据集，并且在多方数据基础上训练出的信用模型将更加准确，从而对未知情形提供更加合理的预测，减少数据融合的外部性。除此之外，数据安全存储也是一大应用。企业可使用秘密共享技术将数据以秘密的方式存储，有效防止内部人员非法盗用数据的情况发生。同时，存储的数据无须解密即可进行其他计算，既保证了安全性，又提升了计算效率。

（二）数据资产化

安全多方计算有机会促进未来数据资产化及数据市场的发展。由于安全多方计算能够在数据传输的过程中从技术层面保证数据确权的问题，使数据的所有权与使用权划清界限，因此企业或个人将可以通过安全多方计算将有价值的数据视为资产，并在市场上流动或进行交易。数据提供方可以规定数据的用途、用量、有效期等使用属性，数据的使用者在拿到数据后只能在授权范围内合理地使用数据，并能将剩余数据的使用权量化或做进一步流通。安全多方计算可以将数据市场的本质由数据所有权转向数据使用权，保障原始数据所有者的权益，有效遏制原始数据泄露，降低数据泄露引起的数据流通风险，促进数据的大规模应用。

（三）未来挑战

随着区块链和大数据等技术的逐渐发展，我们对数据及计算的要求相对更高。如区块链要求匿名性、数据计算需要隐私保护等。因此类似安全多方计算等密码学技术在实际使用过程中，就会出现解释成本非常高，且效率低的问题。

安全多方计算会涉及庞大的计算量及通信量，尤其是涉及公钥运算。目前安全多方计算单个运算可以达到毫秒级，也就是说每秒钟最多能做几百次计算。但是在大数据的场景下，一个数据应用或模型训练往往涉及数十万单位的数据样本及特征量，运算效率会是一个问题。除此之外，对于某些在线或需要实时计算并且计算任务较复杂的应用场景，安全多方计算目前可能难以负担。

第二篇

本章从不同层次讨论了与区块链有关的市场机制设计问题。

第一，公链经济体。公链是目前区块链创新最活跃的方向，代表着区块链技术发展的前沿。对公链，除了从技术角度理解以外，更要看到公链是一个经济体。公链经济体有多元化参与者，这些参与者按照禀赋、偏好和个人选择形成了劳动分工，并根据市场交易来互通有无。在公链经济体中，最重要的基础设施是分布式账本（或分布式信任基础设施）。分布式账本由公链经济体的参与者共同维护，核心经济学问题是公共产品的社会化供给。我们基于现代货币理论，为公链经济体提出了一个新解释。

第二，公链开源社区融资与激励机制。公链具有开源软件社区的特征。开源软件本质上属于一种公共产品。传统上，公共产品通过市场机制融资，会出现投资不足的问题。因此，开源软件社区普遍采取志愿者、捐赠、赏金和众筹等方式。但公链作为一个经济体，内嵌市场机制，在融资机制上应超越开源软件社区的传统做法。我们讨论了通胀融资、交易手续费机制、"分布式自治组织+众筹"（DAICO）以及二次融资等机制。特别是，二次融资来自学术领域，用于解决公共产品融资中的低效问题，在公链融资中得到了试验，并根据试验结果在不断升级改进，值得关注。

第三，利益相关者资本主义与联盟链落地的激励机制设计。利益相关者资本主义认为，企业的经营目标是最大化利益相关者的利益，以实现企业的长期健康发展。除了股东以外，利益相关者主要包括客户、供应商、员工和企业所在社区等。随着政府和商界对环境、社会和公司治理等因素越来越重视，利益相关者资本主义思想正在回潮。公链经济体实际上就体现了利益相关者资本主义的思想。更重要的是，利益相关者资本主义也是联盟链落地的关键。传统认为，联盟链项目不涉及数字货币或数字资产，主要是技术问题，实则不然，联盟链项目一般涉及多方参与者。这些参与者的利益目标不一致，对项目生态投入的资源不一致，从项目生态中获得的收益不一样，因此面临复杂的协调问题。如果没有设计一套相容的激励机制，很难说服这些参与者加入联盟链项目。我们基于利益相关者资本主义，提出了联盟链落地的激励机制设计。

第四，作为信息互联网的区块链。区块链兼有信息互联网和价值互联网的功能。区块链应用于供应链管理、防伪溯源、精准扶贫、医疗健康、食品安全、公益和社会救助等场景，主要体现区块链作为信息互联网的功能。核心问题是如何让链外信息保真上链，从而将区块链外的价值流转以高度可信的方式记录下来。我们梳理了与区块链有关的两类信息，讨论了链外信息上链的一般逻辑和应用方向。预言机是链外信息上链的最重要机制之一，是区块链内智能合约与链外信息交互的基础。同时讨论了中心化和去中心化预言机的机制设计以及相关的经济激励问题。

第五，证券资产上链。这是区块链作为价值互联网的两个重要应用方向之一（另一个是央行数字货币和稳定币，第四章将重点讨论）。全球各大证券交易所纷纷搭建区块链平台，探索应用证券资产上链技术，以改善证券交易流程，但也产生了很多新的监管问题。

第六，开放金融（Decentralized Finance，DeFi）。DeFi 是基于数字货币和数字资产的可编程性，在去中心化和去信任环境中使用智能合约构建的金融功能模块。DeFi 对理解央行数字货币和稳定币的可编程、智能化应用提供了很多启示。我们讨论了 DeFi 的拓扑结构和主要风险类型，作为基础构件的债权和权益合约，以及 DeFi 模块之间的套利机制和相互关联。

第七，加密资产估值。主要包括成本定价法、交易方程式、网络价值与交易量比率法和梅特卡夫定律等。总的来看，每种估值模型都存在缺陷和局限性。不同加密资产项目的特征和影响市值的因素都不一样，需要用不同的模型进行分析，并不存在一个普适性的估值模型。无论估值方法和模型的最终形式如何，本质上还是需要加密资产自身具有价值。

第六章　公链经济体与现代货币理论

很多研究者基于哈耶克的名著《货币的非国家化——对多元货币的理论与实践的分析》进行了进一步研究。现代货币理论（MMT）为理解公链经济体提供了一个新视角。本章共分三部分：第一部分是现代货币理论简介，第二部分是公链经济体，第三部分从现代货币理论看公链经济体。

一、现代货币理论简介

现代货币理论发端于 20 世纪 90 年代，近几年在国内外都很受关注。现代货币理论有货币国定论、财政赤字货币化和最后雇佣者计划三大支柱，核心主张包括政府发债无约束、央行与财政合二为一、零利率政策以及充分就业下的扩张政策不会引起通胀等。现代货币理论及其主张在全球引起了很多争议，包括时下的中国。本节无意讨论现代货币理论的正误，只借鉴其中与加密资产关系最大的内容，即货币国定论。应该说，货币国定论对货币本质的阐述是深刻的，在逻辑上是自洽的。

货币有三个基本功能——价值尺度、交易媒介和价值储藏。传统货币理论强调交易媒介功能在货币演进中的作用。一般认为，原始货币起源于物物交换媒介，以解决物物交换中的"需求的双重巧合"问题，然后沿着交易成本最小化的方向，先演变为金属铸币，再演变为金、银本位纸币，直到今天变为以信用货币为主的形态。传统货币理论的一个重要前提是货币的出现晚于原始交换，在原始社会已经形成了以物物交换为基础的市场体系，但有大量证据显示这个假设不成立。

与传统货币理论相对的另一派观点认为，货币从一开始就与信用不可分割。货币最初并非充当一般等价物，而是某种类型的借据，承担价值尺度和债务清偿手段等功能，而交易媒介仅是其初始功能的延伸。根据孙国峰博士的观点[①]，以私人信用作为支撑的货币早在人类社会形成初期就在使用。公元前3500年两河流域的苏美尔人将债务刻在泥板上，而这块债务凭证的泥板可以作为交易媒介流通转让，债权人可将持有的泥板转让给他人用于换取蜂蜜或面包，是原始的货币体系。

在中国古代，人们用竹木制成债务凭证，中间刻横画，两边刻相同的文字，记录财物的名称、数量等，劈为两片：左片就是左契，刻着债务人姓名，由债权人保存；右片叫右契，刻着债权人的姓名，由债务人保存。索物还物时，以两契相合为凭据。《老子》称"是以圣人执左契，不责於人"。别券两片竹木的结合部刻有契合的锯齿，表明借钱多少，以齿数为记。别券可以转让，实际上也是一种私人信用货币。

这些私人借据可以用于债务清算，社会公众也愿意将其持有作为一种财富储藏的手段，同时私人之间的交易也可以用其支付，货币的交易媒介功能就产生了。私人信用货币依赖于彼此熟悉的社会关系，只能在部落或小社区内流通，在不断发展、边界扩大的社会中不易被接受，从而在政府出现后演变出政府信用货币。政府信用货币仍属于债务凭证，是和未来税收债权相对应的一种债务凭证。无论政府采用何种材料制作信用货币，都不影响其作为政府债务凭证的本质。历史上，政府信用货币主要有铸币和纸币两种形式。中国历史上的铸币主要是铜钱，铜钱具有非称量特征，即铜钱的使用者不会将铜钱去称重，也不会计算铜钱含铜的市场价值。铜钱依靠朝廷的信用和法律的保护来承担货币职能。

---

① 孙国峰：《货币创造的逻辑形成和历史演进——对传统货币理论的批判》，《经济研究》2019年第4期。

第二篇
第六章　公链经济体与现代货币理论

根据张磊博士的观点①，现代货币理论认为，货币本质是一种债权债务关系。货币的价值来自政府的征税权，所代表的权利就是可以用来缴税或支付对政府的债务。从逻辑和实践上都是先有政府债务（国债或法币），再有税收。货币通过政府的财政支出而发行。一方面，政府为了让纳税人完成缴税，必须先发行一部分可用于税收支付的政府借据；另一方面，公众之所以接受货币，是因为有缴税义务。货币主要通过税收手段而回流到政府手中，并完成一个闭环。税收的目的并非支撑政府的收入，而是用来减少私人部门持有的货币余额，并形成对政府借据的长期需求。

以上思想有很深的学术渊源。凯恩斯的名著《货币论》提出现代货币的定义，现代货币理论即脱胎于此："当国家要求有权宣布什么东西可以作为符合现行记账货币的货币时，当它不只要求有权强制执行品类规定，而且要求有权拟定品类规定时，就达到了政府货币或国定货币时代""所有现代国家都要求这种权利，而且至少从四千年依赖，国家就有这种要求"，并且"现在一切文明国家的货币无可争辩都是国定货币"。

现代货币理论统一了政府货币、银行货币和其他私人货币之间的关系，将全社会的债权债务关系归纳为一个金字塔形结构。最顶层是政府借据（高能货币和国债），中间是银行借据（银行存款），最底层则是非银行借据（非银行金融工具和民间借据）。明斯基在名著《稳定不稳定的经济》中指出，货币来自社会债权债务关系，所有人都可以创造债务，但究竟哪种债务可以被视作货币，则取决于让其他人也接受这个借据的能力。政府货币的价值来自于政府的税收要求。银行货币的价值来自于其与政府货币之间的兑换能力。银行为保持这种兑换能力，而部分持有央行的准备金。从信用借据的金字塔的顶端向下，信用评级越来越低，利率越来越高，借据的规模也越来越大。下层的借据需要用上一层的借据进行清算，而处于

---

① 张磊：《从货币起源到现代货币理论：经济学研究范式的转变》，《政治经济学评论》2019年第 5 期。

最顶端的政府借据不需要清算，只需由国家规定部分人的缴税义务并宣布要用政府借据进行缴税即可。

二、公链经济体

公链有多种分析视角。本书聚焦于经济学视角，将公链视为一个经济体。

公链经济体有两层。第一层在公链内，参与者主要是 Token 交易发起者、验证节点和网络节点等。经济活动主要是 Token 交易发起者发起交易，验证节点打包交易、生产区块并运行共识算法，以及网络节点同步并存储分布式账本。TPS 指标最为直接地体现了公链内经济活动效率。第二层包括基于公链的 DApp 和 Layer 2 解决方案等，可以统称为公链支持的经济活动，第二层的参与者更加多元化。不管哪一层，参与者都按照禀赋、偏好和个人选择形成了劳动分工，并根据市场交易来互通有无。

在公链经济体中，最重要的基础设施是分布式账本（可以称为分布式信任基础设施）。一旦分布式账本的安全和效率没有保障，分布式经济体就会陷入低效甚至混乱的状态。验证节点作为分布式经济体的核心参与者，维护分布式账本，并承担一定成本和风险。比如，PoW 验证节点需要投资于挖矿硬件设施并支付电费。在很多 PoS 型公链中，验证节点需要锁定一定数量的 Token。这意味着暂时放弃 Token 的流动性，有流动性成本。

公链经济体的核心经济学问题是：如何激励验证节点维护分布式账本，并补偿它们承担的成本和风险？验证节点激励问题本质上就是如何为基础设施付费。

常见做法是"谁使用谁付费"。比如，交易手续费，相当于交易发起者用手续费来竞拍公链内有限的系统资源。"谁使用谁付费"能否持续有效激励验证节点，是一个没有明确答案的问题。原因在于：第一，这类收入取决于公链内交易活跃程度，这对验证节点而言是不稳定且难以准确预测的。第二，这类收入在数量上是否足以覆盖验证节点承担的成本和风险？这一点困扰比特币社区已有相当长时间。第三，公平性问题。很多长期持有 Token 的人很少发起公链内交易，很少向验证节点付手续费。但它们持有 Token 的价值仍然依赖于验证节点提供的分布式账本安全性。它们是否在"搭便车"？

出块奖励有助于缓解"谁使用谁付费"面临的这三个问题，特别在公链发展前期。出块奖励与"谁使用谁付费"存在一个关键不同。"谁使用谁付费"是指已发行的 Token 在交易发起者和验证节点之间的再分配，而出块奖励是验证节点获得的新发行 Token。

在 Token 增发瞬间，可以假设公链经济体的基本面没有显著变化，那么新发行的 Token 就会稀释原有 Token 的价值。可以称 Token 增发对原有 Token 价值的稀释为通胀税。一方面，通胀税的高低与 Token 增发速度挂钩，并由原有 Token 持有者按它们持有 Token 的数量来分担。另一方面，通胀税通过转移支付，以出块奖励的方式由验证节点享有。

与"谁使用谁付费"相比，通胀税对验证节点是更稳定的收入来源。长期持有 Token 的人通过分担通胀税也向验证节点付费，从而"搭便车"问题得以缓解。如果将验证节点群体视为新的 Token 持有者，那么 Token 增发本质上是将财富从原有 Token 持有者转移给新的 Token 持有者。假设当前 Token 发行量为 n，增发量为 Δn，那么相当于现有 Token 持有者从自己的权益中分出 $\Delta n/(n+\Delta n)$ 给验证节点。

三、从现代货币理论看公链经济体

现代货币理论离不开政府在经济发展和宏观调控中扮演的核心角色，政府有政策和货币职能，并且两大职能之间有紧密联系。货币是债权债务凭证，政府货币的价值来自于政府的税收要求，并构成其他货币的价值基础。公链经济体是去中心化、自治的，Token 没有债权债务属性，似乎与现代货币理论无关，但其实不然。

可以把公链经济体比照成一个国家。这个国家的居民主要包括 Token 交易发起者、验证节点和网络节点以及 DApp 和 Layer 2 解决方案等的使用者。国家需要向其居民提供公共产品——分布式账本。因为没有中心化的政府，所以公共管理职能需要以去中心化的方式来进行。从财政收支的角度看，需要解决以下核心问题：

第一，验证节点被公链经济体"聘用"以生产公共产品——分布式账本。从财政支出的角度，需要补偿验证节点承担的成本和风险。验证节点有前期投入，如 PoW 验证节点需要购置矿机，PoS 验证节点和其支持者需要拥有 Token，这相当于固定资本投资。验证节点还有运营支出，如 PoW 验证节点的电费，PoS 验证节点的流动性成本。验证节点的这些成本都受现实世界因素的影响，如矿机价格、电价和 Token 价格等。如果财政补偿不够，验证节点的积极性和公共产品的提供就会受到很大影响。

第二，公链经济体的征税对象有两类。Token 交易发起者从"流量"的角度消费公共产品，而 Token 持有者从"存量"的角度消费公共产品。对这两类征税对象如何确定税基和税率，这相当于财政收入问题。

第三，财政支出和收入遵循的逻辑不同。如果有赤字或盈余，在去中心化环境下如何处理？这就涉及公链经济体中财政政策和货币政策的协调问题。

从这三个问题的解决方案看，公链经济体很巧妙地遵循了现代货币理论的逻辑（见图 6-1）：第一，公链经济体采取财政部门和货币部门合一的方式，将财政赤字货币化。货币部门体现为公链内 Token 的初次和持续发行，这在很多场合被称为公链的货币政策。货币部门将新发行的 Token 直接交给财政部门。

第二，财政部门用 Token "聘请" 验证节点来生产公共产品。根据现代货币理论，Token 代表了公链经济体的债务，通过财政支出而发行。

第三，财政部门收取两类税收。对 Token 交易发起者，"谁使用谁付费" 相当于交易税，税基是 Token 交易金额，税费由公链内手续费率市场来决定。对 Token 持有者收取通胀税，税基是 Token 持有量，税率等于 Token 增发速率，这也体现了财政政策和货币政策的统一。根据现代货币理论，税收让 Token 回流到财政部门，形成对 Token 的长期需求。因为财政赤字货币化，财政部门总能实现盈亏平衡。

第四，在公链内经济体中，Token 承担价值尺度和债务清偿手段等功能。Token 在公链外用作交易媒介，是前述功能的延伸。现代货币理论的这一区分与加密资产在现实支付场景的表现是吻合的。

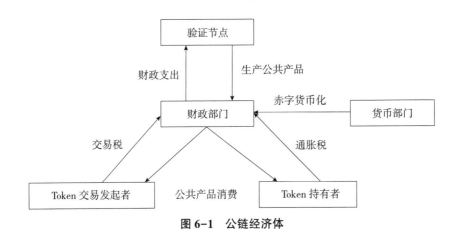

图 6-1　公链经济体

第七章　公链开源社区融资与激励机制

从互联网发展开始，中心化机构利用专利壁垒垄断了代码的拥有权。但随着区块链的兴起，开源代码如今已经成为互联网的核心基础设施。从 Richard Stallman 领导的自由软件运动，到 Eric Raymond 写的《大教堂与集会》，再到 Mozilla 和 Linux，以及近年以太坊等区块链开源项目，无数的开源代码带给项目巨额产值。但是长久以来各个开源项目的开发者激励机制却还在发展初期，开发者无法在开源生态中获得持续性的激励，也让开源社群的自由业者基数无法扩大。比如，以太坊市值虽然达到数百亿美元，但核心开发者的数量却相对停滞，如何激励开发者在开源社区中长期贡献将成为以太坊迭代的关键。

本章首先讨论开源社区的各种融资激励方式及其优缺点，再分析公链开源社区融资机制以及未来适用的融资激励模式。

一、开源社区融资

开源软件属于一种公共产品。公共产品如果通过市场机制融资，会出现投资不足问题。假如所有人都期待其他人先把软件开发出来并开源，自己就可以免费用，那么软件就很可能不会被开发出来。开源软件面临的这个问题对区块链社区非常重要。以下介绍传统开发者参与开源软件的四种方式：志愿者、捐赠、赏金及众筹。

（一）志愿者

开源社区中志愿者是最普遍的参与者，他们在社区中积极做贡献并维护软件系统及参与讨论，但却没有直接的金钱补偿。志愿者的激励来源通常来自其他因素，如生态利益与自身高度相关、社区声誉、意识形态，或者出自于对项目的热情。

志愿者模式具有以下优点：第一，由于开源社区不提供开发者资金支持，因此在这种情况下做出贡献的开发者对该项目是充满热情的，而且对改善整个生态有长期战略愿景，较不会因为短期利益而彼此陷入争执。第二，开发者更倾向与其他开发者共同协作，开展项目的障碍也相对较小。但是志愿者模式也有以下缺点：第一，开发者流动性高，退出门槛低。因为没有直接补偿，开发者常因为时间不足、动力削减等，无法随着开源项目持续发展，会造成整个生态稳定性不佳且难以拓展等问题。第二，大多数以志愿者组成的开源社区并没有正式的组织结构或实体，也没有提案审查及时间限制，会造成效率低下，如以太坊就因为松散的开发者社区被批评。

（二）捐赠

捐赠是开源项目获取资金的一种常见形式，项目方在项目网站上设置捐赠链接，如 Stripe 和 PayPal 等供外界捐赠。在这种模式下，公司和个人都可以向项目方捐款，项目方再将资金分配给开发者，或是直接支付他们报酬。这些捐赠者通常不会附带任何符合条件，但有时他们可能会希望提升某些特定提案的优先级。捐赠模式有两个好处：第一，一般来说，捐赠者与开发者的利益一致，都是以项目的长期健康及可持续性发展为目标。如果获得捐赠的项目未来收益可见且回报高于捐赠资金，捐赠者会受到激励，继而不断为其提供资金。第二，捐赠模式设计简单且容易执行，通常用于项目规模不大的阶段，作为开发人员的额外收入而非主要收入。但捐赠模式有几个不足之处：第一，如果开源项目用户数量很少，则项目会有中心化的问题。当开源项目的开发依赖某些少数捐赠者时，那么捐赠者对项目发展方向的影响就会变得越来越大，继而失去开源的意义。第二，捐赠难以成为开发者主要收入来源。捐赠者分散且持续性不高，如果没有专门的筹款渠道，捐赠只能作为开发者的额外收入。第三，开发者之间难以分配资金，容易造成同工不同酬的情况发生。常见以捐赠模式提供开发者收入的项目像是 Linux。微软和 Google 都是 Linux Foundation 的大型赞助人，Linux Foundation 是一家非营利性组织，它们雇用开发人员全职从事 Linux 的开发工作。

（三）赏金

前文所述的捐赠模式属于整体开源社区的筹款模式，而赏金则属于小型、零碎的任务模式。赏金模式可以理解为一个机构把过去由员工执行的工作任务，以自由自愿的形式外包给非特定的大众网络的做法。任务不一定有具体描述，可能是找寻代码漏洞，或是提供开源社群发展方向。赏金多寡则根据任务发布实体的需求程度及时限来制定，类似企业"众包"（Crowdsourcing）模式。赏金模式有两个优势：第一，开发者依照贡献度获得相应报酬，相较捐赠更为公平，并且能够激励有能力的开发者加入社群，对开源项目扩展有一定帮助。第二，赏金模式特别适用于解决项目的安全相关问题。Libra 曾用漏洞赏金计划培养开源社区的志愿者，利用外部开发者及研究员共同试验网络安全性。漏洞赏金计划的公开透明性可以为一个项目带来大众的信任及业内的知名度。

但是赏金模式有三个缺点：第一，可能会对项目产生反向激励。困难且需要集众力的任务容易乏人问津，而简单重复性高的任务则较受开发者欢迎，对项目的长久发展不利。第二，许多开源项目成果衡量无法量化，会造成项目方与开源者对工作完成与否产生意见分歧，并且有可能导致低质量项目成果或是项目方压榨开发者的情况。第三，赏金任务的发布通常金额较低且无持续性，开发者被动接受工作任务获得报酬，并无法激励开发者做主动贡献。

（四）众筹

众筹是一种"预先消费"的投资行为。开源项目利用想法及未来目标向开源社区内部或是外部群众募集资金。无论是一次性众筹或是持续性众筹都有以下特点：第一，需要足够的市场活动宣传众筹活动。第二，项目通常必须要有一个清晰的计划及计划将会达成的结果，这也会造成开发及生产的压力。第三，众筹通常难以获得持续性的捐款承诺，相比风险投资，资金链并不完整。第四，众筹属于一个整体性的捐赠模式，开发者内部如何分配标准较为模糊。

但是，传统众筹并不完全适用于区块链开源项目。首先，开发一个项目通常需要数年的时间，且计划及路线图时常会根据社区需求调整，对未来将会达成的结果无法确定。其次，开发者需要获得可持续性的捐款才得以长期为开源项目做贡献，这意味着持续性的公关市场活动，会压缩开发者的时间精力。最后，区块链的开源项目非常注重价值观，开源社区对违反价值观的资本存在抗拒性。众筹是目前区块链最普遍的筹资模式，各项目尝试适用于区块链的革新。

二、公链开源社区融资机制

以太坊生态中，用于开发者激励的资金主要由两个机构负责管理：一个是以太坊孵化器 ConsenSys，另一个则是非营利机构以太坊基金会。目前以太坊的资金管理存在两个问题：一是资金分配问题，以太坊并无完善的治理机制决定资金的用途，造成社群认为以太坊透明性不足。二是资金来源问题，一旦以太坊基金会掌管的资金用尽，将面临后续底层协议开发和升级无以为继的问题。以太坊的融资激励模型需要解决资金的来源及分配问题，才能停止以太坊核心开发者的流失，进一步提升以太坊的永续性。目前只有矿工被纳入以太坊的激励机制，而无论是核心开发者或是应用层DApp 都需要有合理的激励机制资助。以太坊开发者的融资激励模式尚未完备，大多是靠开发者的热情或自身利益相关来维持社群凝聚。以下介绍三种以太坊未来能够考虑采用的融资激励模式：

（一）通胀融资

通胀融资是一个用来为区块链开源社区和其他公共产品开发提供资金的一种机制，和国家征税的功能类似，国家通过向个体征税获得资金，投入社会共同的基础设施建设，而这些基础设施是社会中的个体无法独立完成的。唯一不同的是，国家是中心化权威机构，政府执行征税属于人民赋予的权力。以太坊如果进行通胀融资，需要借由链上制定规则或是链下社群投票的方式实施。与现有的基金会管理模式不同，通胀融资拥有持续的资金来源，更加去中心化、灵活，能够获得的潜在奖励金额也非常大。

通胀融资执行过程分为三个步骤：第一，以太坊社群中的任何人都可以提交 EIP（Ethereum Improvement Proposals），并交由社群讨论。第二，由 ETH 持有者或是链下社群参与者进行投票，根据投票结果批准提案并生效或拒绝。第三，社群根据提案能够为以太坊带来的价值决定具体的赏金有多少，增发新的 ETH 并奖励给提案开发者。举例来说，以太坊 2.0 升级一旦成功，社区预估将会为以太坊生态带来 20% 的价值提升，依照通胀融资的概念，以太坊将会增发 20% 的 ETH 并分配给参与升级的开发者。Tezos 便是利用通胀融资进行开发者激励。Tezos 将奖金以规则的形式写入到协议代码中，激励开发者创新，每个提案可以个别检验，并自动奖励那些通过检验的提案。但是通胀融资存在一些问题尚待讨论：第一，奖励的分配及 ETH 的增发标准如何制定。如果由基金会制定，会有寡头政治的疑虑。第二，提案的价值有时候难以衡量，要说服整个社群出资并不容易。

第三，不断上升的 ETH 供给将会影响二级市场 ETH 的币价表现，进而导致整个以太坊生态的价值下降。

（二）交易手续费机制

交易手续费机制是 Vitalik Buterin 提出的一种激励开发者参与的方案。当开发者创建新的智能合约，或提出新的 EIP 时，任何使用该合约的社群参与者会将一部分的交易手续费分配给开发者作为奖励。而奖励分配的方式将分为一次性分配或线性分配。目前此种机制的构想是以以太坊 2.0 为基础实现，Phase 0 不支持转账交易，预计到 Phase 2 才能实现转账交易和执行智能合约。假设 Phase 2 执行交易手续费机制，验证者将有一部分的收入分配给开发者，让开发者正式进入以太坊激励机制。目前以太坊每天产生 50000~100000 美元（每年 1800 万~3500 万美元）的交易费用，约等于以太坊基金会全部预算，因此该方案具有可持续性。该方案细节尚待讨论，但执行的关键点在于开发者与验证者的利益分配以及奖励标准的制定。

（三）"分布式自治组织+众筹"（DAICO）

2018 年 1 月，以太坊创始人 Vitalik 提出一种名为"分布式自治组织+众筹"（DAICO）的募资方式，旨在使项目方可以顺利募集资金的同时，投资者的利益也能得到保障。DAICO 在投资者和项目方之间增加一个智能合约，募资结束后，智能合约会继续跟踪项目的开发进度，有条件地对募集资金进行逐步发放。

项目方通过 DAICO 方式进行募资的流程如图 7-1 所示。

①项目方发起 DAICO 合约。②投资者将 ETH 贡献到 DAICO 合约，并获得 ERC20 代币。③贡献期结束后，合约将会出现一个新的状态变量 Tap，项目方根据 Tap 值从合约中提现 ETH，Tap 值决定了项目方从智能合

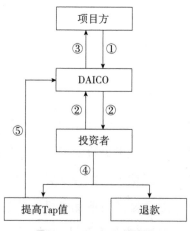

图 7-1　DAICO 的流程

约中取出 ETH 的速度。④代币持有者可以根据项目的进展状况，通过投票选择"提高 Tap 值"或者"退款"。若代币持有者投票通过"退款"，流程结束。⑤若代币持有人投票通过"提高 Tap 值"，那么 DAICO 中的 Tap 值将会提高，项目方将以新 Tap 提取 ETH。在投票通过"退款"或 ETH 被提完之前，可以不断通过投票"提高 Tap 值"。

通过 DAICO 方式募集到的资金不是一次性全部发放给项目方，而是通过智能合约和投票机制进行逐步发放。如果项目方想要拿到全部募集资金，那么就必须对项目进行持续开发。DAICO 使项目方和投资者之间的利益保持一致，大大降低了项目方欺诈的风险。

同时，投资者也可以干预募集资金的发放过程。对于优秀项目方，投资者可以投票决定提高 Tap 值，加快资金的解锁速度，帮助项目方加快开发进度；如果投资者对于项目的进展不满意，投资者可以投票决定退款，按比例收回剩余 ETH。需要指出的是，投资者不能投票降低 Tap 值，但项目方可以投票自愿降低 Tap 值。

DAICO 的设计初衷是让投资者根据项目方的表现和项目的发展情况来决定是否持续支持这个项目。但需要注意的是，投资者和项目方参与DAICO 的目的都是尽可能获得最大收益，那么收益会在很大程度上决定投资者和项目方的投票选择。

按照二级市场的价格，当项目方发行的 ERC20 代币对 ETH 的汇率高于初始汇率，即 ERC20 代币相对于 ETH 的价值升高时，即使开发者滥用资金、拖延项目进度，理性的投资者也不会选择投票退款，他们会选择在二级市场出售 ERC20 代币从而获得更高的收益。与此同时，可能存在一些看重短期利益的项目方希望退款，因为募集资金中剩余的 ETH 价值低于发放给投资者的 ERC20 代币价值。

同理，按照二级市场的价格，当项目方发行的 ERC20 代币对 ETH 的汇率低于初始汇率，即 ERC20 代币相对于 ETH 的价值降低时，即使项目方持续开发，保证项目的顺利进行，部分投资者还是会选择退款来减小投资损失。

还需要指出的是，项目方的募集资金是 ETH，而 ETH 容易受到整体数字货币市场的影响，价格波动非常大。ETH 价格的剧烈波动会影响 DAICO 中的激励机制。例如，当 ETH 处于下跌趋势中时，项目方希望尽快将所有 ETH 解锁出售，避免遭受更大的损失。此时，无论项目的实际进展情况如何，项目方都会通过投票提高 Tap 值。因此，使用 ETH 进行募资并不是一种最佳选择。

综上所述，DAICO 设计的投票机制并不能有效激励优秀项目、剔除坏项目，投资者和项目方之间的博弈也不能促使项目始终朝有利的方向发展。

第八章　二次融资：理论与实践

二次融资（Quadratic Financing）是 2018 年 Vitalik 与哈佛大学 Zoë Hitzig、微软公司 Glen Weyl 在合作论文 *"Liberal Radicalism：A Flexible Design For Philanthropic Matching Funds"*[①] 中专门讨论的一个机制设计，用于解决公共产品（Public Goods）融资中的低效问题。此后，Vitalik 在多个场合推介过这个机制设计。2019 年开始，以太坊生态圈中的众筹平台 Gitcoin Grants 将二次融资付诸实践，截至 2020 年 1 月已进行到第 4 轮，取得了一定进展，但也面临不少挑战。本章梳理了二次融资的理论，总结了 Gitcoin Grants 的二次融资实践。

一、二次融资理论

（一）公共产品融资问题

公共产品是一个基础的经济学概念。常见的公共产品包括国防、灯塔、清新空气和开源软件等。公共产品有两个核心特征：一是非排他性，任何人都不可能被禁止使用或消费它，即使他没有付任何费用（也就是"搭便车"）。二是非竞争性，多个人可以同时使用或消费它，并且这种使用和消费不会减少它的可获得性（包括数量和质量）。公共产品如果通过市场机制融资，会出现投资不足问题。比如，假设一个写字楼里的工作人员集资建新风系统。张三如果知道，李四即使不出钱，也能享受新风系统

---

① 参见网址：https：//papers. ssrn. com/sol3/papers. cfm? abstract_ id＝3243656。

带来的清新空气，那么张三出钱的积极性就会下降。如果所有工作人员都持有与张三类似的想法，都因为担心其他人"搭便车"而不愿出钱，那么他们很可能凑不到足够的钱来建新风系统。类似逻辑对开源软件也适用：假如所有人都期待其他人先把软件开发出来并开源，自己就可以免费用，那么软件就很可能不会被开发出来。开源软件面临的这个问题对区块链社区非常重要。

为讨论的严谨性，接下来用尽可能简单的数学来表述公共产品融资问题。假设有 P 个公共产品，有 N 个社区成员（为表述一致，以下统一称为"投资者"）。用 $c_{i \to p}$ 表示第 i 个投资者对第 p 个公共产品的投资。第 p 个公共产品共收到投资：

$$f_p = c_{1 \to p} + c_{2 \to p} + \cdots + c_{N \to p} \qquad \text{式（8-1）}$$

不管投资者是否为这个公共产品投资，都可以平等地使用或消费它，从而增进个人收益。用 $u_i^p(f_p)$ 表示第 p 个公共产品给第 i 个投资者带来的收益。收益函数 $u_i^p(f_p)$ 有两个关键特征。一是递增的：第 p 个公共产品收到的投资 f_p 越多，给第 i 个投资者带来的收益 $u_i^p(f_p)$ 越高。二是边际递减的：尽管 f_p 越高，$u_i^p(f_p)$ 也越高，但 f_p 同样的增加量，带来 $u_i^p(f_p)$ 的增加量却越来越小。通俗解释是：一个人饿了，吃饭可以为他带来幸福感，而且吃得越多，幸福感总体越强，但第一碗饭带来的幸福感，要超过第四碗饭带来的幸福感。

假设收益可以在不同公共产品和不同投资者之间线性加总。综合考虑公共产品产生的收益以及需要的投资，第 i 个投资者在所有公共产品中获得的净收益是：

$$U_i = [u_i^1(f_1) - c_{i \to 1}] + [u_i^2(f_2) - c_{i \to 2}] + \cdots + [u_i^p(f_p) - c_{i \to P}]$$

$$\text{式（8-2）}$$

社区作为整体在所有公共产品中获得的净收益是：

$$U = U_1 + U_2 + \cdots + U_N$$

$$= [u_1^1 (f_1) + u_2^1 (f_1) + \cdots + u_N^1 (f_1) - f_1] +$$

$$[u_1^2 (f_2) + u_2^2 (f_2) + \cdots + u_N^2 (f_2) - f_2] + \cdots +$$

$$[u_1^P (f_P) + u_2^P (f_P) + \cdots + u_N^P (f_P) - f_P] \qquad 式（8-3）$$

什么样的投资是最优的？首先，这个问题取决于站在谁的角度：是社区角度，还是单个投资者角度。其次，经济学理论指出：在最优投资规模处，投资的边际成本等于边际收益。直观解释是：假设从 0 开始增加投资规模，直到一个水平，使得再增加 1 单位投资产生的额外收益小于付出的额外成本（也就是"过犹不及"）。

显然，从式（8-2）和式（8-3）可以看出，投资的边际成本始终为 1。用 PMB_i^p 表示第 p 个公共产品给第 i 个投资者带来的边际私人收益（Private Marginal Benefit）。因此，第 i 个投资者对第 p 个公共产品的最优投资 $c_{i \to p}$ 使得：

$$PMB_i^p = 1 \qquad 式（8-4）$$

用 SMB_i^p 表示第 p 个公共产品给整个社区的边际社会收益（Marginal Social Benefit）：

$$SMB^p = PMB_1^p + PMB_2^p + \cdots + PMB_N^p \qquad 式（8-5）$$

站在整个社区的角度，对第 p 个公共产品的最优投资 f_p 要使得：

$$SMB^p = 1 \qquad 式（8-6）$$

如果这 N 个投资者都按照式（8-4）对第 p 个公共产品进行投资，那么加总起来产生的边际社会收益等于 N，高于式（8-6）设定的水平。而收益函数的边际递减特征说明，SMB^p 关于 f_p 是递减的。因此，对社会最优的投资规模，要高于对单个投资者最优的投资规模。

对公共产品通过市场机制融资而出现的投资不足问题，最常见的解决方案是：政府向社会征税，并用征税所得进行公共产品投资。二次融资是另一个解决方案。

（二）二次融资

二次融资中，第 p 个公共产品收到的投资等于每个投资者的投资额的平方根之和的平方（对应式（8-1））：

$$f_p^{QF} = \left[\sqrt{c_{1\to p}} + \sqrt{c_{2\to p}} + \cdots + \sqrt{c_{N\to p}} \right]^2 \qquad \text{式（8-7）}$$

显然，$f_p^{QF} = c_{1\to p} + c_{2\to p} + \cdots + c_{N\to p} + 2\sum_{i\neq j} \sqrt{c_{i\to p}}\sqrt{c_{j\to p}}$，其中，$c_{1\to p} + c_{2\to p} + \cdots + c_{N\to p}$ 是每个投资者的投资额之和，$2\sum_{i\neq j} \sqrt{c_{i\to p}}\sqrt{c_{j\to p}}$ 相当于第 p 个公共产品收到的补贴，而 $2\sqrt{c_{i\to p}}\sqrt{c_{j\to p}}$ 是因为第 i 和第 j 个投资者共同投资于第 p 个公共产品而带来的补贴。

二次融资中，第 i 个投资者在所有公共产品中获得的净收益是（对应式（8-2））：

$$U_i = \left[u_i^1\left(f_1^{QF}\right) - c_{i\to 1} \right] + \left[u_i^2\left(f_2^{QF}\right) - c_{i\to 2} \right] + \cdots + \left[u_i^P\left(f_P^{QF}\right) - c_{i\to P} \right]$$
$$\text{式（8-8）}$$

第 i 个投资者对第 p 个公共产品的最优投资 $c_{i\to p}$ 使得：

$$PMB_i^p \cdot \frac{df_p^{QF}}{dc_{i\to p}} = PMB_i^p \cdot \frac{\sqrt{c_{1\to p}} + \sqrt{c_{2\to p}} + \cdots + \sqrt{c_{N\to p}}}{\sqrt{c_{i\to p}}} = 1$$

等价于（对应式（8-4））

$$PMB_i^p = \frac{\sqrt{c_{i\to p}}}{\sqrt{c_{1\to p}} + \sqrt{c_{2\to p}} + \cdots + \sqrt{c_{N\to p}}} \qquad \text{式（8-9）}$$

如果这 N 个投资者都按照（式（8-9））对第 p 个公共产品进行投资，那么加总起来产生的边际社会收益等于 $SMB^p = PMB_1^p + PMB_2^p + \cdots + PMB_N^p = 1$，而这正是式（8-6）。因此，二次融资能产生对社会最优的投资规模。

我们用一个例子直观说明二次融资的特点。考虑两种融资情况：一是从一个人手中募集 1000 美元，项目将获得 1000 美元的总融资；二是从 10

个人手中总共募集 1000 美元筹款，每人投资 100 美元，项目将获得 10000 美元的总融资。因此，相比于少量大额度投资，二次融资将为大量小额度投资补贴更多。

二次融资有非常简洁的数学形式和很好的经济学性质，不足之处在于补贴项 $2\sum\limits_{i\neq j}\sqrt{c_{i\rightarrow p}}\sqrt{c_{j\rightarrow p}}$。只要存在补贴，就需要讨论两个问题：一是补贴是否可能被滥用；二是补贴的资金来源，因为这世界上从没有免费的午餐。

需要说明的是，如果不是公共产品（也就是不同时具备非排他性和非竞争性），就不存在市场机制导致投资不足的问题，也就没有必要使用二次融资，使用传统的融资机制就可以了。

（三）对二次融资的攻击

Vitalik 与 Zoë Hitzig、Glen Weyl 的合作论文在论证二次融资的合理性时，一个重要假设是能可信地辨别不同参与者的身份。非常遗憾的是，在区块链场景中，因为地址的匿名性，这一假设往往不被满足，从而造成套取补贴的情况。

第一种情况是一个人控制多个地址，并将自己的资金分散到这些地址中。假设这个人的总资金为 c，分散到 n 个地址进行投资 $c = c_1 + c_2 + \cdots + c_n$。因为 $(\sqrt{c_1} + \sqrt{c_2} + \cdots + \sqrt{c_n})^2 > c$，他在二次融资下将放大可获取的补贴。假设这个过程不受限制，能无限"换马甲"进行分拆投资，可获得的补贴在理论上没有上限。这相当于针对二次融资的"多重身份攻击"。

第二种情况是串谋[①]。假设 n 个人串谋发起一个假项目，每个人投资 c。在二次融资下，假项目获得的融资总额为 $(n\sqrt{c})^2 = n^2c$。补贴额是 $(n^2 - n)c$，相当于这些人自身投资 nc 的 n−1 倍。显然，只要 n ≥ 2，补贴就将

---

① 参见网址：https://vitalik.ca/general/2019/04/03/collusion.html。

超过自身投资。假设他们在套取补贴后就解散项目，把补贴分掉获利，这就形成了"串谋攻击"。

对多重身份攻击和串谋攻击，下文在总结 Gitcoin Grants 的二次融资实践时，将讨论 Gitcoin Grants 的应对方法和存在的不足。

二、二次融资实践

Gitcoin Grants 是一个为以太坊开源项目周期性提供资金的众筹平台，旨在为受到资本约束的开源软件提供资金资助。Gitcoin Grants 采用"受资本约束的自由激进主义"机制（Capital-constrained Liberal Radicalism，CLR），包含众筹和配捐两部分。一是在众筹部分，个人对开源项目捐款，项目收到的金额等于"捐款平方根之和的平方"（即式（8-7））。二是在配捐部分，项目方应得金额大于捐款人捐出金额的总和的差额部分，由基金会或私人慈善家补足。如果应配捐额大于基金会配捐池金额，则配捐将会乘上参数 k 做金额调整，k 介于 0 至 1 之间。

CLR 是 Vitalik 和 Zoë Hitzig、Glen Weyl 的合作论文提出的概念，核心目标是解决两个问题：一是补贴的资金来源，在 CLR 中来自基金会或私人慈善家；二是如果应配捐额大于基金会或私人慈善家能资助的金额，应该如何处理。

Gitcoin Grants 参与者分四类。一是项目方：开发者通过申请，加入接受捐款的候选名单中，需提交项目介绍和项目每个月需要的资金。二是用户：用户给自己喜欢的项目赞助，可以选择赞助的资金总额，以及资金分多少个周期分发给项目开发者。三是 Gitcoin Grants 平台：通过 Gitcoin Grants 捐助，平台会收取 5% 的费用。四是以太坊基金会：以太坊基金会确定配捐金额。

Gitcoin Grants 刚完成第四轮二次融资（2020 年 1 月 6 日至 1 月 21 日①），前三轮的情况见表 8-1。Gitcoin Grants 在二级融资上体现出良好的增长性，并且服务对象以小项目和小额用户为主。

表 8-1　Gitcoin Grants 前三轮二次融资概况

	第一轮 （2019 年 2 月 1 日~ 2 月 15 日）	第二轮 （2019 年 3 月 5 日~ 4 月 19 日）	第三轮 （2019 年 9 月 15 日~ 10 月 2 日）
总融资金额（美元）	38242	106535	263279
捐款者人数	126	214	1982
基金会配捐金额（美元）	25000	50000	100000
获融资项目数	26	42	80
融资金额前三高项目	Prysmatic Labs， Moloch DAO，Uniswap	ProgPow，HOPR， Prysmatic	EthHub，Burner Wallet，Lighthouse
平均每个项目融资金额（美元）	1471	2537	3291
平均每个项目基金会 配捐金额（美元）	962	1190	1250
平均每个捐款人捐款金额（美元）	105	264	82

前文已介绍针对二次融资的多重身份攻击和串谋攻击。针对多重身份攻击，Gitcoin Grants 运用 Github 账户来防范。Github 在注册时有反多重身份和反机器人机制，能有效提高多身份创建的困难程度。除此之外，Gitcoin Grants 利用定期检验方式（主要针对账户龄、Github 贡献值以及在 Github 上的活跃程度等）来判断是否为多重身份攻击。这相当于借助了 Github 的身份管理机制。

Vitalik 曾提出一种间接身份证明机制：由用户投票检验彼此身份（互证模式）；结合 Futarchy 机制（类似预测市场）让可信节点根据用户特征

---

① 参见网址：https：//vitalik.ca/general/2020/01/28/round4.html 。

向量来压注投票，预测其是否为真实存在用户；如果投票没有形成主导意见，便交由仲裁庭调研并判断。这个机制运用分布式而非中心化方式检验一个用户是否真实存在，并利用 Futarchy 机制提高可信节点的参与率以及调研质量，但实施难度较大，无法避免租借或出售身份的行为，也无法避免一群人彼此互证身份作恶。

针对串谋攻击，Gitcoin Grantss 使用成对有界二次融资（Pairwise Bounded Quadratic Financing）[①]。如前文介绍的，在二次融资下，因为 i 和 j 两个投资者都对项目 p 捐款，项目 p 获得的补贴为 $2\sqrt{c_{i\to p}}\sqrt{c_{j\to p}}$。引入 i 和 j 两个投资者的"不一致性系数"（Discoordination Coefficient）$k_{i,j}$。$k_{i,j}$ 取值在 0 和 1，$k_{i,j}=0$ 表示两人完全一致行动，$k_{i,j}=1$ 表示两人相互独立行动，$k_{i,j}$ 取值越小说明两人是一致行动人的可能性越高。

Vitalik 建议的 $k_{i,j}$ 的取值是（M 是一个可调参数）：

$$k_{i,j} = \frac{M}{M + \sum_p \sqrt{c_{i\to p}}\sqrt{c_{j\to p}}} \qquad 式（8\text{-}10）$$

根据式（8-10），$k_{i,j}$ 与 $\sum_p \sqrt{c_{i\to p}}\sqrt{c_{j\to p}}$ 反向变化：i 和 j 两个投资者共同投资的次数越多、金额越高，就认为他们越有可能是一致行动人，从而 $k_{i,j}$ 越接近 0。

在成对有界二次融资中，因为 i 和 j 两个投资者都投资于项目 p 而获得补贴：

$$2k_{i,j}\sqrt{c_{i\to p}}\sqrt{c_{j\to p}} \qquad 式（8\text{-}11）$$

根据式（8-11），i 和 j 两个投资者在所有项目可获得的补贴之和为（"成对有界"）：

---

① 参见网址：https：//ethresear.ch/t/pairwise-coordination-subsidies-a-new-quadratic-funding-design/55533。

$$\sum_p 2k_{i,j} \sqrt{c_{i \to p}} \sqrt{c_{j \to p}} = \sum_p \frac{2M \sqrt{c_{i \to p}} \sqrt{c_{j \to p}}}{M + \sum_p \sqrt{c_{i \to p}} \sqrt{c_{j \to p}}}$$

$$= \frac{2M \sum_p \sqrt{c_{i \to p}} \sqrt{c_{j \to p}}}{M + \sum_p \sqrt{c_{i \to p}} \sqrt{c_{j \to p}}} < 2M$$

式（8-12）

与二次融资相比，在成对有界二次融资中，损失最大的是获得少量大额资助的项目。以 Gitcoin Grants 第三轮融资为例，Fuzz Geth 和 Parity 在传统二次融资中能够得到 2000 美元配捐，但在成对有界二次融资中只获得了 415 美元的配捐，减少的原因是该项目主要获得两笔 4500 美元的大额捐款。而 Cryptoeconomics. study 获得了 1274 美元，比传统二次融资中的 750 美元增长了近一倍，主要因为该项目捐款人多且缺乏大额捐款。

第九章 区块链与利益相关者资本主义

利益相关者资本主义（Stakeholder Capitalism）是一个与目前主流的股东资本主义（Shareholder Capitalism）相对的概念。股东资本主义是指，企业经营目标是最大化股东利益。利益相关者资本主义则认为，企业经营目标是最大化利益相关者的利益，以实现企业的长期健康发展。除了股东以外，利益相关者主要包括客户、供应商、员工和企业所在社区等。

本章讨论区块链与利益相关者资本主义之间的关系，共分三部分。第一部分是利益相关者资本主义的简介，第二部分梳理区块链领域中利益相关者资本主义的实践，第三部分讨论区块链在一般领域的利益相关者资本主义中的应用。

一、利益相关者资本主义简介

在企业经营领域，利益相关者资本主义曾长期居于主导地位。20 世纪 70 年代，著名经济学家米尔顿·弗里德曼大力提倡股东利益至上思想。他认为，企业管理层为股东工作，企业唯一的社会责任是在参与公开自由竞争并且不欺诈的前提下，使用自身资源以提升利润。弗里德曼的思想极大影响了美国关于公司治理的法律。自此以后，针对企业管理层和员工的持股计划逐渐流行。高管股权激励被普遍认为是使高管与股东利益一致的好方法。1997 年，美国商业组织"商业圆桌会议"（Business Roundtable）支持股东利益至上原则。

在实践中，股东资本主义主要体现出两个弊端。第一，助长企业的短期行为，上市企业的行为更是受季报驱动。第二，企业在追求股东利益最大化的过程中可能损害其他利益相关者的利益。比如，化工企业为提高利润而减少污水处理方面投资，未经净化的污水排出后破坏了周边环境。再比如，一些并购基金在敌意收购和收购后的重组中，不太顾忌对被收购企业员工利益的影响。对这些弊端的纠正主要体现在三个方面。一是政府在环境保护和员工权益保护等方面立法，并加强监管。二是企业加大社会责任方面投入。三是一些机构投资者提倡责任投资，在投资过程中除财务回报以外，也将环境、社会和公司治理（简称 ESG）等因素纳入投资的评估决策中。

利益相关者资本主义正在回潮。2019 年，"商业圆桌会议"发布了《公司宗旨宣言书》，提出应从利益相关者角度出发，不仅关注股东，同时也要关注客户、员工、供应商以及社区等对于企业业绩而言同样至关重要的因素。第一，为客户创造价值，要满足甚至超越客户的期望。第二，投资于员工，包括提供公平薪酬福利，通过培训和教育帮员工培养新技能，并提倡多元、包容、尊严和尊重。第三，以公平和合乎职业道德的方式与供应商合作。第四，支持企业所在社区，尊重社区居民，并采取可持续实践以保护环境。第五，为股东创造长期价值。

但与股东资本主义相比，利益相关者资本主义在实践中面临较大困难。第一，如何度量企业经营对利益相关者的利益影响？在股东资本主义下，企业经营对股东的影响主要体现在财务报表利润以及股票价格上，这两个业绩指标都容易度量。而企业经营对客户、员工、供应商和所在社区等的影响则是多元化且较难量化的。利益相关者资本主义面临的首要问题是：企业消耗多少 ESG 资源并创造多少价值？这对企业业绩报告提出了新要求。第二，管理上的复杂性。在股东资本主义下，企业管理层只需最大化股东利益。而在利益相关者资本主义下，企业管理层的目标是多重的，并且不同利益相关者的利益可能相互冲突。第三，如何通过有效执行机制确保可问责性？换言之，如何确保企业将 ESG 方面的考虑内化于战略、资源配置、风险管理、业绩评估和报告等工作中？如果不能克服这些困难，利益相关者资本主义将成为一个难以落地的理念。

二、区块链领域中利益相关者资本主义的实践

区块链领域有不少实践符合利益相关者资本主义，为在更一般领域理解、实施利益相关者资本主义提供了重要参考。肖风博士对此有很多阐述。这些实践都可以纳入分布式经济体（或分布式商业）的范畴。

在分布式经济体中，不同参与者根据自身禀赋形成劳动分工，基于市场交换来互通有无以增进福利。分布式经济体是开放的，不像企业那样有清晰的商业边界，也不像企业那样有股东。分布式经济体由全体参与者共建、共享和共治。所有参与者都是利益相关者。对应着公链和联盟链的不同做法，分布式经济体主要可以分为平台模式和"核心+生态"模式。

（一）平台模式

平台模式最好对照软件开源社区理解。在软件开源社区中，志愿者们基于共同爱好和目标聚在一起，并根据各自声誉和专长自发演化出社区秩序。一些被广泛认可的社区"大V"会承担起社区领导角色，包括确定工作方向，牵头开发团队，并处理社区分歧。Linux、Python 和 R 都是软件开源社区的成功案例。但软件开源社区有两点不足。第一，社区规则一般是非正式的，不能确保被有效执行，有时可能造成社区混乱甚至分裂。第二，没有经济激励，开发活动是无偿的、志愿的，很难脱离"业余贡献"色彩。一旦志愿者们的社区认同下降，社区就很难避免衰败。

平台模式主要引入两点改进。第一，引入经济激励，变无偿活动为有偿活动。第二，引入以经济规则和治理规则为核心的正式规则，并通过智

能合约将一些规则"代码化",以减少规则执行中的随意性。经济规则和治理规则的本质是分配分布式经济中的收益权和治理权。

这种分布式经济体存在横向和纵向两类经济关系。首先,享受商品或服务的人要向这些商品或服务的提供者给予合理经济补偿,特别是对分布式经济体基础设施的建设和运营者。这是不同分工群体之间的经济关系(横向经济关系)。其次,分布式经济体要可持续发展,必须补偿早期参与者承担的风险,让他们能因分布式经济体的发展而获益,这是跨期的经济关系(纵向经济关系)。在横向和纵向经济关系中,经济补偿不局限于点对点支付,可以采取统筹收支、转移支付和隐性补偿等方式。

平台模式的代表是公链的分布式经济体。公链的分布式经济体有两层。第一层在公链内。经济活动主要是交易发起者发起交易、矿工打包交易、生产区块并运行共识算法,以及网络节点同步并存储分布式账本。第二层包括基于公链的 DApp 和 Layer 2 解决方案等。这个分布式经济体最重要的基础设施是分布式账本。矿工作为分布式经济体的核心参与者,维护分布式账本,并承担一定成本和风险。如何激励矿工维护分布式账本,并补偿它们承担的成本和风险?首先是交易手续费,相当于交易发起者用手续费来竞拍公链内有限的系统资源,遵循"谁使用谁付费"原则。其次是出块奖励,矿工获得的新发行 Token。新发行的 Token 会稀释原有 Token 的价值,这种稀释效应本质上是通胀税。通胀税的高低与 Token 增发速度挂钩,由原有 Token 持有者按它们持有 Token 的数量来分担,并通过转移支付由矿工享有。

(二)"核心+生态"模式

在这个模式中,一群核心参与者之间形成契约联系,既可以采取合资企业形式,也可以采取非营利联盟(或协会)形式。这些核心参与者承诺为分布式经济体注入自身资源,承担早期风险,并打造开放生态以吸引

"外围"参与者加入。

比如，Libra 项目的核心参与者组成 Libra 联盟，是一个由多元化的独立成员构成的监管实体。Libra 开放生态包括指定经销商、虚拟资产服务提供商（VASP）和非托管钱包用户等参与者。Libra 联盟负责 Libra 项目的开发和治理，对联盟成员、指定经销商和 VASP 的尽职调查，为 Libra 生态参与者建立合规标准，实施协议级的合规控制和其他合规控制，以及运行金融情报智能。Libra 联盟的附属机构 Libra 网络持有、管理法币储备金并对外发行 Libra 稳定币。以上是 Libra 联盟的治理权。Libra 项目曾计划给 Libra 联盟一定的收益权，将法币储备金的部分收益分配给联盟成员，但此计划后来被取消，因此 Libra 联盟就只有治理权，而无明显的收益权。

在联盟链项目中，一个常用架构是，若干核心企业（比如项目的发起者）在协商好各自角色、权责以及利益分配规则后，成立项目主体。项目主体有两种主要形式。第一，非营利组织，如对外采取联盟、协会和理事会等名义，通过投票表决方式进行治理。在我国，因为成立民办非营利组织并非易事，非营利组织往往采取虚拟形式（即不具备法律实体地位），但仍有治理规则。第二，合资企业形式。合资企业通过向联盟链项目生态提供服务来获取收入，比如技术咨询和运维服务等。核心企业们按照各自承诺投入的资源分配合资企业的股权，并在公司法的约束和保障下，按持股比例参与合资公司治理，分担合资公司经营风险，分享合资公司利润。

因为公司法提供了更好的权益保障，越来越多联盟链项目倾向于采取合资企业形式。但这个做法有两点不足。第一，合资企业的开放性不够，不利于打造开放生态。合资企业股权分配完毕后，要新加入股东，就意味着股权重新分配，这在法律和财务上操作起来都比较麻烦。在我国要考虑的一个特殊国情是，如果国有企业作为合资企业股东，合资企业后续增资扩股和股权变更涉及的审批环节较为复杂。第二，激励不相容问题。这个问题来自合资企业股东的资源贡献比例与股权比例之间的不一致。比如，一个股东在合资企业中的持股比例为 10%，但实际上为联盟链项目贡献了 20% 的资源。这个股东就相当于用自己的资源补贴了其他股东。

解决方法是引入利益相关者资本主义的设计，体现为双层架构：

第一，底层是由核心企业们组建的合资企业。核心企业们对联盟链项目有更多承诺、更多投入。合资企业有较大稳定性，组建完成后就不轻易引入新股东或发生股权变更，治理架构相对固定，并且中心化色彩明显，决策效率更高。

第二，上层是合作联盟（非营利组织），方便吸收生态成员加入（合资企业股东也可以是合作联盟成员）。合作联盟为成员提供技术支持和咨询服务等，由成员定期缴纳会费作为运行经费，目标是鼓励核心企业之外的中小企业采用和参与，没有利润目标。合作联盟的去中心化色彩明显，但决策效率易受制约。合作联盟要制定发展策略、准入规则、数据共享规范以及"生态贡献积分"发行和管理规则。

"生态贡献积分"按"多劳多得"原则设计，激励成员将更多业务接入联盟链生态。合作联盟成员贡献资源越多，获得的"生态贡献积分"越多。"生态贡献积分"可以采取区块链内 Token 的形式，以利用区块链的分布式信任机制。"生态贡献积分"定期兑现。"生态贡献积分"作为联盟链生态内的记账单位和治理凭证，不会被视为储值工具、电子货币或支付型数字货币，也不构成证券或集合投资计划，因此不会涉及复杂的监管问题。

同时要做好联盟链生态内经济利益在合资公司和合作联盟之间的分配，包括：①合资公司掌握哪些经济资源？②合资公司为联盟链生态提供哪些服务并为此获得收入？③联盟链生态中哪些经济资源预留给合作联盟成员？④合作联盟成员的哪些贡献可获奖励以及贡献如何计量？

这个双层架构体现了联盟链管理方式的创新。合作联盟的成员就是除合资企业股东以外的利益相关者。合作联盟的开放性和灵活性有助于打造开放生态。"生态贡献积分"有助于缓解激励不相容问题，以及利益相关者资本主义面临的贡献难以度量、奖励难以执行等问题。

三、区块链在一般领域的利益相关者资本主义中的应用

一般领域的利益相关者资本主义也可以在平台模式以及"核心+生态"模式的框架下理解。区块链有望在两种模式中均发挥重要作用。

首先，一般领域的平台模式以平台型经济、共享经济和零工经济等为代表。这些数字经济生态没有股东，所有参与者都是利益相关者。正如肖风博士指出的，区块链是数字经济的基础设施，可以构建开放、开源、可灵活扩展，并且没有商业边界的分布式经济体。任何一个平台、网络或是系统的建设，都可以考虑采取分布式的方法，变成一个开放、开源、共享和共治的分布式经济体。区块链的作用体现为，通过自动化计价来衡量每个人的价值贡献，用智能合约+合规合法的数字货币（比如央行数字货币和稳定币）来分配各自创造的价值。

其次，一般领域的"核心+生态"模式中，核心企业对所在生态产生了外部性，因此股东利益将与更广泛的社会利益之间出现偏差。如果核心企业只追求股东利益最大化而不考虑对生态的影响，股东利益最大并不意味着社会利益最大。利益相关者资本主义本质上是对外部性的纠正。核心企业可以通过"生态贡献积分"+Token经济模式设计，计量自己对生态参与者的影响，以及生态参与者给予自己的支持，并在利润分配中对生态参与者进行适当补偿。总之，利益相关者资本主义让核心企业在经营决策中内在化自己对生态的影响，让利益相关者参与核心企业的价值分配。

第十章　联盟链落地与激励机制

区块链虽然被视为去中心化的创新变革，但最终目的是要建立一个能够由各节点长久协作的生态。

公链采用的是开放式架构，允许任何有意愿参与的节点能够为生态贡献。而为了吸引节点的加入，公链需要设计一套完整的经济激励及治理机制，并且利用 Token 作为价值交换的媒介，平衡生态内部供需。

联盟链则是由一群事先组织好的参与者组成，各自提供一部分资源来运行一个相对封闭的生态。联盟链与公链间最明显的差异有三个：第一，联盟链本质上就是利益的结合，不需要再建构经济模型提供激励。第二，联盟链节点间的信任机制是透过链下的契约关系或共同利益来相互制衡，相对不需要通过各种共识机制来防范攻击。第三，联盟链通常是先产生共识再将结果写入区块链，不会产生分叉的情况。

由于公链节点质量参差不齐，且利益目标并非一致，再加上二级市场 Token 价值的复杂性，目前国内企业大多以联盟链作为首选推动产业区块链落地。比如，万向区块链与中都物流合作开发的"运链盟"，为集物流、结算与供应链金融三大功能的综合服务平台。运链盟利用联盟链来串联汽车产业供应链，实现数据共享及提升行业运作效率。除此之外，联盟链平台重塑了各个产业链价值分配，通常由产业链中的核心企业共同发起，以一个市场一个区块链平台为目标，不再以公司个体为单位，而是以生态为一个集体来发展。

接下来，本章将分为两个部分做分析：第一部分讨论联盟链的落地机制，第二部分分析联盟链可能的利益分配机制。

一、联盟链落地机制

（一）联盟链的特点

公链的设计需要考虑极端的信任机制条件以及节点作恶惩罚，一个公链的经济及治理机制设计往往决定了公链是否能够长久运行。而联盟链的参与者之间通常已经存在信任基础。比如，一条供应链中的上游供应商已经与下游核心企业做了多年的交易对手，两者之间要得到共识相对容易。整体来说，联盟链相比公链有三个优势：第一，更高的处理效率。联盟链的信任环境允许少数节点参与生态的治理，商业决策的处理能力较高。第二，智能合约应用场景更多，基本上可以实现中心化机构所有的业务逻辑，且具交易最终性。第三，可扩展性更高。联盟链可以根据复杂的商业环境进行技术迭代。联盟链在落地时，考虑更多的是如何将过去的数据孤岛打通，同时让联盟中流通的数据是可信的，不用像过去一样做频繁的校验。

而联盟链相比中心化机构的优势在于两点：第一，传统产业内公司数据多由中心化第三方机构保管，而这些第三方机构很难自证清白，造成频繁审查及监管上的烦琐。第二，中心化机构有数据泄露的风险。而在联盟链中节点数据会转化为哈希值，证明数据真实性的同时，不会导致数据泄露。因此，联盟链在特定的商业环境中解决了资产及数据流动问题，许多产业如供应链、金融都已成功应用。

联盟链可以应用在符合以下三个条件的产业链：第一，产业链长而烦琐，信息孤岛效应强。第二，产业链价值高，且其中有核心企业可以主导联盟链开发。第三，交易商品足够标准化，数据上链方便统一。

虽然联盟链生态信任基础充足，不需要设计额外的激励机制，但是联盟链还存在五个问题有待解决：一是利益平衡问题。联盟成员利益诉求并不相同，如果没有有效的激励机制，成员之间难以划分权责得到共识。二是协调难度大。联盟链涉及多家银行、企业及政府机构参与，需要多方联动且交易成本高。三是技术问题。各机构区块链技术发展不一，无论是性能、共识算法、隐私，难以做到多机构同步。四是创新决策链冗长。产品创新涉及机构多，需要兼顾监管及风控。五是采用成本高。各个企业加入联盟链后必然会有技术及商业模式上的适应期，如何吸引企业加入是一大课题。

（二）联盟链治理架构与问题

联盟链治理、公链治理与中心化机构治理之间内在逻辑根本上有类似之处。即使在传统的体系庞大的中心化机构治理下，也有机会形成多中心联盟链体系或公链去中心化的体系。相反地，公链如果节点分布中心化程度非常高，那么以治理的结果而言，与中心化治理并无本质上区别。

联盟链可以有两种形成方式：第一种是由几个核心企业成立联盟，彼此间协商各角色权责、投票机制及利益分配等，并利用链下合同或成立法律实体来达成共识，最后加入联盟链技术，将整个系统上链。第二种是将投票机制、准入规范及利益分配转换为代码写入区块链，并在链上组成联盟，类似公链的机制。但是由于链上法律制定的复杂度太高，且还是需要依赖链下法规参与，目前第二种联盟链难以落地应用，本书讨论将以第一种联盟链为主。

联盟链的落地并长久发展，需要解决治理上的问题有三个：第一，治理实体问题。目前联盟链的主要治理实体有两种：一种是由联盟链中参与企业所组成的虚拟实体，通常为非营利组织，并且主要以联盟理事会投票的方式治理，以提升行业采用率为其主要目标。另一种是以传统法律框架形成的法律实体，可以是公司或非营利组织。公司以盈利模式发展为主轴，股权由联盟链中核心企业持有。公司需对其股东负责，并且以提升公司未来估值为目标。

第二，参与者分类及权限问题。联盟链通常由两种参与者组成：一是创始成员。创始成员包括大型核心企业、区块链技术公司、银行及国有企业等，通常为联盟链中的记账节点。创始成员会付出更多的资源投入，以保证整个系统的稳定性及高效性，并承担联盟链平台初期绝大多数风险。二是联盟成员。联盟成员加入时间较晚，可以较为弹性地参与治理并享受平台服务，不需为联盟提供技术及资金支持。

第三，利益分配问题。由于联盟链中的角色不同，围绕着利益分配、生态贡献激励与处罚、争议仲裁解决等平衡设置更为重要。

联盟链虽然无须 Token 作为主要激励机制，但是联盟成员间的利益分配设计还是一大课题。一方面，联盟链技术、平台架设及运营节点资源需要一定成本，产业链中的中小企业无法负荷。另一方面，产业链中能够负荷成本的大型核心企业数量不多，治理容易趋于中心化而无法达到行业共识。如果联盟链落地没有配套措施及激励机制，将会导致两个结果：第一，联盟链应用只是停留在概念验证阶段，商业运营无法推动。第二，少数行业巨头控制着联盟链，朝私有链模式发展。因此，联盟链落地成功需要有足够的配套措施激励各个成员参与贡献。

二、联盟链的利益分配及激励措施

如前文所述，联盟链的组成分为创始成员及其他联盟成员，利益分配及激励措施通常需要分层处理。本书建议联盟链采取双层治理架构：底层是基于股权的合资公司，上层是合作联盟。

（一）合资公司

底层的股权合资公司由创始成员组成，其主要职责是确定公司的股权分配和发展战略。股权分配完毕后不轻易发生变化，新加入的公司不参与股权分配。联盟链稳定运行后，在合适的时间点，可以通过增资扩股的形式变更股权。在中国要考虑的一个特殊国情是，国有企业作为创始成员时，参与股权投资需要的审批环节很长。因此，频繁变更股权对这些企业来讲并不现实。

合资公司为独立的法人实体，允许大型行业参与者共同投资联盟链，股权制可以保护他们的利益并提供适当的操作灵活性。创始成员在公司法的约束和保障下，按持股比例参与合资公司治理，分担合资公司经营风险，并分享合资公司收益。

（二）合作联盟

上层合作联盟将以非营利组织形式组建并注册。新加入的公司可以成为合作联盟成员。合作联盟的管理机构是理事会，由成员代表组成，每个成员可指派一名代表。合作联盟的所有决策都将通过理事会决策，采用一人一票的模式。联盟理事会有以下职责：一是制定联盟发展策略；二是制定联盟准入规则；三是制定数据共享规范；四是制定 Token 发行规则；五是成立内部独立的审查监管组织。

相较公链中的开源社区与基金会，联盟理事会有更强的目标性与凝聚力。联盟可以为成员提供区块链技术支持，包含共识机制、交易及验证、智能合约、代码文档等。联盟成员定期缴纳会费，作为联盟及理事会的运行费用，会费主要由行业内商业机构承担。由于是非营利组织的形式，任何未花费的会费都会根据联盟的规范标准返还给所有联盟参与者。

合作联盟可以引入基于生态贡献的 Token 和积分，激励联盟成员将更多业务接入联盟链生态，并且按贡献比例奖励联盟成员。Token 在联盟链中作为记账单位或是联盟准入的工具，不会被视为储值工具、电子货币（e-Money）或支付型数字货币（Digital Payment Token），也不构成证券或集合投资计划。

(三) 双层治理架构协同

在联盟链项目启动之初，需要讨论以下问题：第一，生态内治理权力如何在合资公司和合作联盟之间分配。合资公司由创始成员组成，内部治理和成员构成相对固定，对联盟链项目的投入更多，并且中心化色彩明显，决策效率更高。合作联盟更为开放，有助于吸引新成员加入，去中心化色彩明显，但决策效率易受制约。第二，生态内经济利益如何在合资公司和合作联盟之间分配，包括：①合资公司掌握哪些经济资源？②合资公司为生态提供哪些服务并为此获得收入？③生态中哪些经济资源预留给合作联盟成员？④合作联盟成员的哪些贡献可获奖励以及贡献如何计量？

双层治理架构还有几个重点需要注意：第一，合作联盟目标首先要最大化行业采用率，而非利润至上。联盟链的目标是鼓励产业链核心企业之外的中小企业采用和参与，过于中心化的模式会导致成员退出。第二，联盟中核心企业成员的初始选择非常重要。如果核心企业号召力不足或体量太小，其余多数联盟成员将以观望的态度去参与，让先行者去尝试和发现出潜在的重大风险，造成实际应用很难落地。第三，行业内核心企业的竞争者在联盟中的地位需要审慎考虑。创始成员会希望其他联盟成员为生态带来额外的流量，但同时希望自己在合资公司的股权份额不被稀释。这会造成创始成员的竞争对手因为无法分得股权而不愿加入联盟。

总的来说，联盟链的落地与激励措施和公链并不相同，需要顾及创始成员及初始投资机构的利益分配，并非每个节点共享相同的权利及义务。底层合资公司与上层合作联盟的组成有助于激励不同的参与者，并且达到效率的改善及生态的扩张。联盟链的盈利模式并非借由 Token 的增值，而是生态的扩展。因此，联盟链需要利用平台开展产业链所需的用户界面、业务规则、流程和数据库来提升采用率。这样，联盟链平台可以向竞争对手开放，后者也可以从共同的底层平台开发中获益。联盟链最终的目标是让整个产业内部协作，提升整个生态价值，并确保能够建立一个完整的数据要素市场。当前的联盟链方案主要涉及联盟成员之间的数据共享，但未来只有将 To C 用户也纳入进来，才能形成完整的生态。未来联盟链需要考虑如何连接最终消费者的问题，以及最终消费者在联盟链中如何参与治理，并且是否有对自身数据的控制权问题。

第十一章　作为信息互联网的区块链

很多研究者把区块链称为价值互联网，这个说法不全对。区块链实际上兼有信息互联网和价值互联网的功能。区块链应用于供应链管理、防伪溯源、精准扶贫、医疗健康、食品安全、公益和社会救助等场景，主要体现区块链作为信息互联网的功能，是用公共账本来记录区块链外商品、药品、食品和资金等的流向，让上下游、不同环节相互校验，穿透信息"孤岛"，让全流程可管理。这类应用在很多场合也被称为"无币区块链"，它们共同的关键特征是：区块链本身不涉及价值流转（指资产产权或风险转移，下同），而是记录区块链外的价值流转。

鉴于区块链作为信息互联网的重要性，有必要厘清以下问题：第一，信息互联网和价值互联网这两个功能在区块链中是什么关系？第二，区块链外什么样的信息能写入区块链，如何写入区块链？第三，区块链作为信息互联网能做什么，不能做什么？

一、与区块链有关的两类信息

区块链也被称为分布式账本，指账本记录、传播和存储等活动都在分布式网络上以去中心化方式进行。但分布式账本并不是一个无所不包的账本，而主要是关于 Token 的账本。

Token 在中文里有加密资产、加密资产、代币和通证等多种翻译，但本质上是区块链内定义的状态变量，具有若干既类似现金但又超越现金的特征。

Token 类似现金的特征主要是：①非对称加密保证 Token 持有者的匿名性；②Token 可以在不同地址之间转让；③区块链共识算法和不可篡改的特点保证 Token 不会被"双花"；④Token 转让过程中总量不变——甲地址之所得就是乙地址之所失；⑤区块链内 Token 交易，无须依赖中心化信任机构；⑥状态（账本）更新与交易确认同时完成，没有结算风险。

Token 超越现金的特征主要是：①按同一规则定义的 Token 是同质的，并可拆分成较小单位；②因为区块链运行在互联网上，区块链内 Token 交易，天然是跨境的。区块链内地址没有境内和境外之分，区块链内 Token 交易也没有在岸、跨境和离岸之分。

智能合约是运行在区块链内，主要对 Token 进行复杂操作的计算机代码。智能合约与 Token 之间有密不可分的联系。验证节点（或矿工）运行共识算法，验证并处理 Token 交易，更新分布式账本的状态。Token、智能合约和共识算法都处于共识边界内，共识算法确保了共识边界内的去信任环境。我们说区块链是 "In math we trust"，就是指这个去信任环境本质上是由数学规则造就的。

区块链内有大量与 Token 及其交易无关的信息。比如，比特币创世区块中那句有名的 "The Times 03/Jan/2009 Chancellor on brink of second bailout for banks"。区块链外价值流转记录到区块链内，就属于与 Token 无关的信息。

要理解两类信息在地位的差异，只需看验证节点如何处理这两类信息。验证节点是机器。对与 Token 及其交易有关的信息，诚实的验证节点会检验它们是否符合预先定义的算法规则。比如，比特币节点会检验随机数是"挖矿"问题的解，以及区块中的交易在数据结构、语法规范性、输入输出和数字签名等方面符合预先定义的标准。换言之，与 Token 及其交易有关的信息内生于区块链，是数学规则的产物，真实准确性由数学规则保证。

对与 Token 及其交易无关的信息，验证节点作为机器，不会也没有能力检验这类信息的真实准确性。机器没有语义分析能力，这在信息科学领域有很深渊源。1948 年，香农在《通信的数学原理》提出信息论的基本论点之一形式化假说——通信的任务只是在接收端把发送端发出的消息从形式上复制出来，消息的语义、语用是接收者自己的事，与传送消息的通信系统无关。

形式化假说对区块链也适用。对与 Token 及其交易无关的信息，区块链保证了这些信息一旦写入区块链，就全网可见、不可篡改。而且不管分布式账本如何传播和存储，信息复制中都不会出现差错。但信息本身的真实准确性，是一个与区块链无关的问题。换言之，如果区块链外信息在源头和写入环节不能保证真实准确，写入区块链内只意味着信息不可篡改，没有提升信息的真实准确性。

有研究者认为，区块链让数据变得有价值，成为可以交易的资产。这个说法很容易形成误导。区块链支持的数字资产，实质上是区块链内 Token，这是区块链作为价值互联网的体现。有两类产生数字资产的方法，代表了赋予 Token 以价值的两种不同方式。

第一，Token 供给由算法决定，与现实世界资产无关，但可人为赋予 Token 用途。比如，Token 可以在区块链内作为区块奖励和交易手续费支付给验证节点，可以作为支付工具购买现实世界的商品或服务，也可以作为凭证兑换某些特定商品或服务，还可以代表特定场景下的收益权或特定社区的治理权。这就是加密资产或加密资产的由来。对应着不同用途，美国、新加坡、瑞士和中国香港等国家或地区一般将加密资产或加密资产分为支付型、功能型和证券型三类，并采取不同监管规则。

第二，Token 基于某些储备资产发行，实际上是 Token 作为储备资产的价值符号或凭证。这些数字资产将区块链作为金融基础设施，以承载现实世界的资产及其交易。区块链应用于中央银行数字货币、全球稳定币以及金融交易后处理等方向，如以 Libra 为代表的全球稳定币、以摩根大通币为代表的金融机构间结算币以及欧央行和日本银行的 Stellar 项目，就属于这个方向。区块链本身不创造价值，价值来自现实世界资产，并通过经济机制与区块链挂钩。这类场景主要发挥区块链的开放匿名、交易即结算、交易天然跨境、清算可编程以及去中心化、去信任化等特点。

数据资产是另一个层次的概念，而且不一定与区块链有关。数据是观察的产物，观察对象包括物体、个人、机构、事件以及它们所处环境等。观察是基于一系列视角、方法和工具进行的，并伴随着相应的符号表达系统，比如度量衡单位。数据就是用这些符号表达系统记录观察对象特征和行为的结果。数据可以采取文字、数字、图表、声音和视频等形式。在存在形态上，数据有数字化的，也有非数字化的（比如记录在纸上）。但随着信息和通信技术（ICT）的发展，越来越多数据被数字化，在底层都表示成二进制。从数据中提炼出信息、知识和智慧，能帮助个人决策并增进效应，在宏观上促进经济增长。这是数据价值的体现，也是数据作为资产的价值基础。但很多数据属于公共产品或准公共产品，与传统意义上的资产有很大差异。

区块链内的信息，不管是否与 Token 有关，都是全网可见的，可以由任何人为任何目的而自由使用，因此是典型的公共产品，不适合市场交易。当然，对区块链内信息的再加工或分析报告，可以成为付费商品。此外，与 Token 及其交易无关的信息，很多时候只能以哈希摘要的方式写入区块链（见下文）。因为从哈希摘要恢复信息本身（即原像 Preimage）几乎不可能，哈希摘要写入区块链对这类信息的资产化影响很小。

二、链外信息上链

区块链内外存在两类重要的交互。第一，资产上链，即 Token 作为区块链外资产的价值符号或凭证。第二，信息上链，也就是将区块链外与Token及其交易无关的信息写入区块链。前文已提到，区块链只能保证链外信息上链后全网可见、不可篡改，但对信息本身的真实准确性没有影响。

从操作上看，与Token及其交易无关的信息，是作为Token交易的附属写入区块链的。这好比我们用银行转账时的留言，银行会核实我们的账户信息，处理转账交易，并将留言如实传递给收款方，但不会核实留言的真实准确性。由此可以看出两点结论：第一，区块链内嵌"币"的结构，"无币区块链"不能脱离"币"而存在。第二，链外信息上链受制于区块链的交易性能和存储空间。

链外信息上链有两种情形：第一，原始信息上链。考虑链上存储空间，这适合少量的结构化信息。此时，信息共享有助于缓解信息不对称，但不可能消除信息不对称。信息不对称是非常复杂的经济学概念。比如，很多人每天通过同一渠道看到同一条新闻，张三即使知道李四看过这条新闻，也不一定知道李四对此新闻的理解，他俩之间仍然存在信息不对称。

这种情形下的信息上链机制一般被称为预言机。预言机针对的需求主要是，区块链内的智能合约需要调用区块链外信息。预言机将外界信息转化写入区块链，完成区块链与现实世界的数据互通，是智能合约与外部进行数据交互的途径。目前主要存在三类预言机。一是中心化预言机，由可信的中心化机构提供数据至智能合约。这方面值得研究的问题是区块链与物联网的结合，核心是传感设备的数据如何保真上链。二是去中心化预言机，主要通过众多的可信节点去共同提供数据服务，增强整个预言机系统的容错能力。去中心化预言机并不是通过技术提升预言机的信任度，而是借由经济激励及多方签名达到数据的可信任性。从以Chainlink为代表的去中心化预言机实践可以看出，完全去中心化且去信任的预言机不存在，去中心化预言机仍需依赖节点在链外的信誉机制。三是联盟预言机。联盟预言机可以视为去中心化预言机的一种形态，由指定的可信个体或机构担任节点，通过可信联盟提供数据至智能合约。

第二，哈希摘要上链。大部分非结构化信息（比如视频文件）属于这种情形。如前文所述，如果不揭示信息的原像，哈希摘要共享对缓解信息不对称几乎没有帮助。哈希摘要上链的主要作用是存证，即在事后通过揭示信息（比如允许外部机构穿透到存放信息的本地设备），证明两点：①在区块链记录的上传时点，信息确实存在；②信息上传者确实知道信息。存证是非常有意义的应用，但适用的场景比较窄。比如，数据登记追溯，登记在区块链内的数据有可追溯的主体身份签名并可用于事后审计。再比如，事后"自证清白"。

三、区块链作为信息互联网的应用

区块链作为信息互联网的应用，主要是发挥区块链的公共共享账本功能，以提高劳动分工协作效率，但不直接涉及价值流转。

比如，在供应链金融中，银行一般难以了解供应链生态中真实交易情况从而准确评估信息，处于供应链末端的中小企业容易面临"融资难、融资贵"问题。核心企业也无法充分发挥自身信用载体作用，不能带动整个生态发展从而获得更大利益。依托区块链的供应链金融服务平台可以准确记录供应链中数据信息，缓解银行和末端中小企业之间信息不对称问题，提高银行信贷供给效率。供应链金融服务平台可以平衡上下游企业利益关系，优化应收账款融资流程，促进产业链良性发展。区块链解决方案提供机构一般根据促成的贷款金额收费，在商业模式上更可持续。

区块链应用于供应链金融的另一个方向是用 Token 代表核心企业的信用（比如商业票据和应收账款），并在核心企业的供应链中充当内部结算工具。Token 将供应链上下游企业之间的"三角债"轧差后替换成核心机构对这些企业的负债，能降低资金占用、提高资金周转效率。而核心机构发挥类似中央交易对手的功能，负责 Token 与法定货币之间的兑换。这个方向属于区块链作为价值互联网的应用，技术上不复杂，难点在监管合规上。

区块链作为信息互联网的应用，核心问题是如何让链外信息保真上链，从而将区块链外的价值流转以高度可信的方式记录下来。这也决定了这类应用的边界，即区块链上的信息不可篡改，但信息上链前和上链时的真实准确性是区块链技术无法保证的。对这个问题的解决离不开一系列制度和技术安排。比如，在"区块链+供应链"管理中，既需要有安全高效的传感设备把链外信息可信地写入区块链，也需要把上下游、不同环节的信息都上链以相互校验。

当区块链作为信息互联网的应用时，监管部门要针对区块链匿名、全网公开和不可篡改等特点，做好数据隐私保护，同时也防止违法有害信息上链传播。2019 年初，国家互联网信息办公室发布并实施了《区块链信息服务管理规定》。这类应用不涉及资产产权或风险的转移，所以一般不涉及金融监管。而区块链作为价值互联网的应用，一方面需要共识算法和密码学技术确保价值转移过程的安全性，另一方面要针对区块链开放匿名可能引发的洗钱、恐怖融资和逃漏税等问题做好监管。不同的监管方法，也是理解区块链作为信息互联网和作为价值互联网的功能差异的重要方面。

第十二章　预言机

加密世界与现实世界的运行逻辑存在相当大的差异。加密世界通过共识机制、密码学、分布式节点及智能合约在链上运行。而在智能合约中，输入 X 变量，智能合约执行 Y 结果是可以预期的，此结果不可逆且具备确定性及可信赖性。为了达成 Y 结果的准确无误，X 变量的来源非常重要。X 变量的数据来源有两种，链上数据及链外数据。链上可信数据可以直接通过区块链获取，而链外可信数据则需要通过预言机提供。本章主要介绍各种预言机提供可信数据的方式，以及其中的经济激励设计，共分为三个部分：第一部分介绍预言机的种类与机制，第二部分比较去中心化预言机的经济设计，第三部分讨论去中心化预言机的发展方向。

一、预言机种类与机制

预言机的功能是将外界信息转化写入区块链，完成区块链与现实世界的数据互通，是智能合约与外部进行数据交互的途径。预言机需要从一个不确定性非常高且未经验证过的数据库，将数据筛选后输入一个可靠且安全的封闭系统，因此数据的质量会很大程度地影响整个系统的运作。目前预言机数据库的来源主要有以下四种：一是互联网连接及搜寻引擎，二是其他区块链的链上数据，三是 IPFS 存储数据，四是物联网传感器数据。目前存在三种预言机：一是中心化预言机，二是去中心化预言机，三是联盟预言机。以下分别介绍三种预言机的机制与差异性。

第二篇

第十二章　预言机

（一）中心化预言机

中心化预言机由可信中心的中心化机构提供数据至智能合约运行。中心化预言机有两种机制：第一种是中心化机构让预言机在可信执行环境运行，数据需求者无须信任中心化机构。此种机制通过可信加密证明技术，能够向数据需求者证明数据源全程未被修改。Provable 为该机制的典型，采用 TLSnotary 证明技术，让整个数据源接入区块链的流程都是可被第三方审核的。只要数据需求者信任数据源，整个数据从数据源接入区块链的过程都是可信任的。第二种是数据源本身开发的预言机，数据需求者需要信任中心化机构。此种机制数据源通常为链外可信机构，将链外信用延伸至链上，并由数据源全权负责数据质量。

中心化预言机的机制较为直观，符合传统社会的数据来源，主要存在三个优势：第一，中心化预言机中，数据的完整性与安全性直接影响了预言机的可信度，且中心化预言机提供数据属于商业行为，作恶的动机较小。第二，由于所有数据由中心化预言机提供，不存在参与方博弈行为，数据调用效率较高。第三，中心化预言机数据的可信程度与用户规模无关，即使生态规模小，预言机也能正常运作。

但是中心化预言机在两个方面有其局限性。一是可扩展性，无法兼容其他预言机提供的数据。二是安全性，中心化预言机内生价值不足以支撑高价值合约需要的安全性。中心化预言机具有内生价值，该内生价值是可以被一个价格所买断。当中心化预言机作为价值更为庞大的 DeFi 生态数据提供者时，数据需求者可以通过贿赂甚至买断中心化预言机并操纵数据源，为自身在 DeFi 中的合约牟利。

（二）去中心化预言机

去中心化预言机机制的设计和区块链分布式思想是一致的，主要通过可信的众多节点去共同提供数据服务，增强整个预言机系统的容错能力。去中心化预言机并不是通过技术提升预言机的信任度，而是借由经济激励及多方签名达到数据的可信任性。去中心化预言机涉及多方节点参与，设计需要考虑以下问题：第一，节点共谋问题。第二，数据内容的保密性。第三，数据获取的即时性。第四，节点恶意复制其他节点数据问题。第五，女巫攻击造成数据腐败问题。

去中心化预言机执行过程通常有五个步骤：①智能合约保存交易状态。②停止当前交易，等待去中心化预言机调用数据。③预言机通过多重签名机制让数据提供者同时为相应节点签名。④预言机采用加密算法机制将各节点的数据整理汇总，并调整交易状态。⑤智能合约验证结果，交易完成。无论何种去中心化预言机，它们调用数据的核心方法都有共同之处，只是实现方法有所不同。去中心化预言机相较中心化预言机有两个局限：第一，收费相对昂贵，需要多节点参与。第二，生态须有一定规模，数据可信度与生态规模相关性高。

（三）联盟预言机

联盟预言机是由可信联盟提供数据至智能合约，是去中心化预言机的一种形态。如同联盟链，联盟预言机网络中的节点是由指定可信个体或机构担任。此种预言机的信任组成有多个层次，包含对各个节点的信任、预言机本身机制的信任以及预言机治理机构的信任。联盟预言机需要注意的问题有两个：第一，可信节点身份的保密程度关系到节点被操纵或勒索的可能性。第二，可信节点及治理机构是否涉及过大的自身利益。

二、去中心化预言机经济设计

接下来，以 Chainlink 为例说明去中心化预言机经济设计。

（一）双层结构

Chainlink 是建立在以太坊上的预言机系统，由双层结构组成，底层由多个数据源向预言机节点提供数据，上层是由多个预言机节点向区块链提供数据（见图 12-1）。

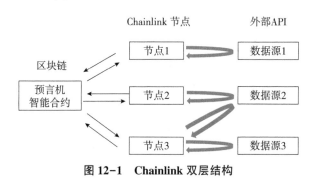

图 12-1　Chainlink 双层结构

Chainlink 的双层结构有三个特色：第一，数据需求方可以自订数据源的组成，包含节点声誉高低及节点数量。第二，底层结构保证了数据去中心化特性，上层多个预言机则保证了当任意一个预言机出现单点失败时，系统能够继续运作。第三，Chainlink 采用链上聚合数据的方式将数据发送至数据需求方。所有预言机各自发送数据至链上智能合约，再由智能合约剔除异常值后，取一个合理的数据提供至数据需求方。链上聚合数据的优势在于数据内容可以经过多次审核，且数据源提供的数据均记录在区块链上，增加可靠性。而此方法的缺点在于，当数据量庞大时，手续费将十分昂贵且会造成网络拥堵。因此，Chainlink 利用门限签名（Threshold Signature）解决这个问题。门限签名可以让预言机之间互相交流，并在链下达成共识。链下预言机通过门限签名技术聚合数据，只需最终向区块链传输一次数据即可，只需支付一次手续费。

（二）经济模型

Chainlink 预言机生态主要参与者为数据需求方和数据提供方，主要运作的方式是通过与可信节点合作，然后用代币 LINK 激励节点。Chainlink 经济机制设计主要有两个：第一，质押代币 LINK。节点在提供服务前，必须要抵押 Chainlink 的代币 LINK。一旦节点有恶意行为发生，包含提供虚假数据、复制数据或不作为等，节点抵押的 LINK 会被系统罚没以保障数据需求方。第二，Chainlink 预言机网络存在声誉系统。链下节点在提供数据的服务过程中能够获得一定数量的 LINK 作为奖励，同时其他节点会根据其提供的数据质量对其进行评判，进而影响节点的声誉。影响节点声誉的因素包含节点提供数据的频率、完成率、响应时间及质量。抵押越多 LINK 的节点，隐含着表达对自身服务及数据的肯定，声誉会越高，获得数据需求方指派的机会也越高，收益相对就会提升。

Chainlink 除了为链上提供真实数据外，也为基于智能合约的项目提供验证随机性的服务，用户能访问 DApp 并验证其随机性。运行步骤有四个：①智能合约对 Chainlink 发出随机数验证的请求。② Chainlink 生成随机数。③ Chainlink 将随机数发给 VRF 智能合约并进行随机验证。④ 将结果传回智能合约。Chainlink VRF 可以通过验证 DApp 随机性来帮助用户辨别项目的真实性及公正性，并且借由付费机制将代币 LINK 与以太坊各项目联结，未来有望在生态内部发展为更完整的代币经济模型。

(三) 问题与解决方案

1. 数据隐私问题

如何让数据在开放输入和查询时保持隐私性是相当困难的事，尤其是在金融领域。举例来说，当在 DeFi 借贷中需要分析用户信用记录及个人信息来判断用户的信用等级时，用户的信息会因为链上聚合而完全地被记录到链上，影响用户提出需求的意愿。目前 Chainlink 采用可信执行环境为数据提供保护。Chainlink 可信执行环境的特点是将部分代码及数据与外界环境加密隔离，只有通过特定的方式才能够读取可信执行环境执行后的结果，并且就算是节点的电脑被入侵，可信执行环境中的数据依然能够保持安全，达到双层保护的效果。

2. 合谋问题

任何预言机都会有多个节点合谋的问题，包含贿赂或是女巫攻击。节点合谋对预言机生态最大的风险是借由故意上报错误数据图利自身，进而影响数据需求者的利益。由于数据需求者能够决定特定节点的身份及数量，造成 Chainlink 抗合谋能力更加受到质疑。目前社群中提出的解决方案是允许智能合约开发者使用安全的随机信标，从所有节点中随机选择节点提供数据。以太坊 2.0 能够实现安全的随机信标，而以太坊数以万计的节点让合谋的可能性降至最低。

三、去中心化预言机发展方向

相较中心化预言机，去中心化预言机费用较高且在规模有限的情况下效率较低。因此去中心化预言机需从解决区块链的数据问题，提升至解决信任问题，才能真正扩大其应用。我们认为，去中心化预言机未来实际应用的场景有三个因素：第一是随机性需求高的场景，第二是涉及多机构参与的场景，第三是合成资产交易的场景。

（一）随机性高

区块链内涉及随机性高的应用，如预测平台。这类平台的核心为随机性、不可预测性及可验证性，对去中心化预言机的需求为"刚需"。目前许多 DApp 是在链上生成随机数，并无预言机的参与，但 2018 年 EOS 上的 DApp 因为随机数问题被黑客攻击导致项目损失资产，区块链公开随机数算法将导致随机变得可以预测。DApp 可以通过两个方式获得更为安全的随机数，一是利用预言机 API 调用，从外界获取随机数。二是利用 VRF 可验证随机方程，在链下产生一个安全不可被预测的随机数，并把这个随机数直接返回给用户。

（二）多方参与

涉及多方参与的场景适合通过去中心化预言机获取数据，如去中心化保险。首先，去中心化保险数据源涉及范围很广，如航班晚点保险、医疗保险等，单一案件需要从物联网、GPS 系统、法律判例或医院数据等多个数据源获取数据。以车险赔付来说，传统保险公司常常与客户在是否赔付上产生分歧，而保险公司具有最终裁决权力，因此就不可避免地导致某些客户瞒报信息。且车险赔付涉及多个数据源，调查过程往往旷日废时，容易提高运营成本并延长处理周期。去中心化预言机能够快速地从不同数据源获取保险相关数据，并通过链下聚合的方式将是否赔付的结果及相关数据上传至链上。其次，保险机构最大的成本是信任成本，当担保价值超过中心化预言机内生价值时，中心化预言机会难以被信任。

（三）合成资产

合成资产有各种不同的设计机制，只要市场存在交易对手，合成资产合约便能成立。合成资产具有灵活性，它们使市场参与者能够对冲本来无法交易的风险，而去中心化预言机为合成资产交易的必要角色。去中心化预言机可以利用多节点的优势，弹性地为各种不同的合成资产合约提供数据来源。去中心化预言机有四个方法可以提升高价值合约数据源的安全性：第一，经济激励与惩罚机制。第二，多节点审核。第三，去中心化预言机内生价值会随着生态规模成长而循环增加，安全性会越来越高。第四，互操作性较高，可以实现跨预言机服务。虽然相比中心化预言机，去中心化预言机能够承载的合约价值上限较高，但是去中心化预言机还须解决数据源的合规问题。传统法定合成资产交易提供数据的中心化预言机，包含政府机构、证券交易所、银行等机构，都是受到政府严密监管的。区块链上的合成资产成交结果完全依赖去中心化预言机，且区块链上智能合约并不能辨别数据来源是否正确。去中心化预言机的抗审查性意味着数据需求者必须完全信任预言机的技术及机制，而如果政府介入监管预言机，区块链去中心化的初衷也就不在。因此无论未来是增加上限条款或是发展自监管，去中心化预言机如何满足监管需求将是 DeFi 发展的一大关键。而从数据源安全的宏观角度来看，同时采用多个去中心化预言机，可以进一步实现去中心化。未来去中心化预言机市场将会多角并行，分散风险，实现更安全的数据供给环境。

第十三章　证券资产上链

本章分为两个部分，第一部分介绍全球各大交易所对证券资产上链的实践案例，第二部分分析证券资产上链需要考虑的监管因素。

一、证券资产上链实践

（一）纳斯达克交易所

2015 年 5 月，纳斯达克交易所宣布筹建 Linq，一个基于区块链技术的私募股权交易平台。Linq 作为发行 Pre - IPO 股票的平台，旨在促进私募证券市场股份 Token 化，打消信息及平台间的壁垒。2017 年 5 月，纳斯达克交易所宣布与花旗银行合作，推出基于 Linq 的自动交易结算解决方案。该方案利用花旗银行的跨境支付网络，结合 Linq 区块链底层技术，实现私募市场跨境多方交易及实时结算（见图 13-1）。

在新创公司私募股权交易过程中，由于企业的股权信息极度的保密性，每轮融资往往具有估值调整机制，容易导致信息不对称，导致投资者无法完全掌握风险，难以做到合理估值。一旦企业成功公开招股发行（IPO）并上市，资料尽职调查审核需要过往所有股权事务历史记录等，以传统纸本的方式管理会延长审计机构查询、核验时间，最终影响 IPO 进度。

私募市场交易可以通过 Linq，将交易信息传送至花旗跨境多币种的处理平台 CitiConnect，最后再传送至花旗支付平台 WorldLink 完成资金交割。

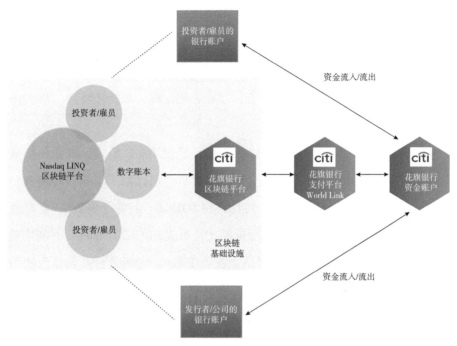

图 13-1 Linq 平台与花旗跨境支付系统链接图

进行 Pre-IPO 的企业可以在系统上查看股份证明的发放、证书的有效性，以及其他信息如资产编号、每股价格等；还可以搜寻证书，或查看投资者在企业内持有的股份等。

Linq 平台有两大特点：第一，提升结算效率。传统私募公司在处理其股份交易时，需要通过各方非标准化系统，包含大量手工作业、非电子化工作。而这可能会造成很多人为错误。第二，提高私募股权市场流动性。Linq 覆盖大量客户群体，能够扩大 Pre-IPO 投资受众，且纳斯达克私募股权市场可以实现在线股票管理解决方案，使私募公司可以更高效地管理资产和股票计划，减少初创公司早期阶段的资金压力。

（二）莫斯科证券交易所

2019 年，隶属于俄罗斯莫斯科交易所的国家清算存管局（National Settlement Depository，NSD）推出 Token 化资产的存管平台 D3ledger。D3ledger 提供 Token 存管、清算，资产范围包含数字货币及 Token 化证券资产。D3ledger 主链采用 Hyperleger Iroha 为底层架构。目前 D3ledger 上已知的项目，是一家小型医疗保险公司发行的 Token 化证券，以及比特币、以太坊及 ERC-20 Token。

D3ledger 上交易的付券端及付款端都是使用 Token 范式，资金和证券记录在同一条区块链。双方确认交易指令之后，通过原子结算进行清算和结算，使得证券和资金同时完成转让。在 D3ledger 上发行 Token，需要使用多重签名的智能合约，在公链上冻结比特币或 ERC-20 Token，并利用双向锚定跨链，才能在 D3ledger 网络上发行 Token，中间过程并无涉及法币出入金。以发行传统存托凭证的角度来理解，D3ledger 同时作为存托凭证交易所及存托机构的角色，而比特币及以太坊等公链则作为托管机构的角色，D3ledger 不需要有实体托管机构牵涉其中，从而降低来自托管机构方面的信用风险。

（三）德意志交易所

1. Blockbaster 计划

2016 年开始，德国央行、德意志银行与德意志交易所开始试验 Blockbaster 计划。Blockbaster 计划建立在由 Digital Asset（DA）开发的区块链平台上。平台底层架构为 Hyperleger Fabric。Blockbaster 计划有三个研究目标：一是研究基于区块链转账的可行性与可靠度。二是研究基于区块链清算机制的成本。三是评估基于区块链的金融交易效率。

研究内容包含三个：一是试验区块链证券发行、结算和赎回的整个历程，二是资金移转，三是资金结算。试验涵盖 1000 个使用者、500 档证券以及 20 万笔交易。其中 20 万笔交易被拆成三类：DvPs（券款兑付）、FoPs（纯券过户）以及现金交易。

试验证明了基于区块链的金融后交易后处理的逻辑性足够且具备可行性。该试验花费 35 分钟完成这些交易，平均每秒交易吞吐量为 95 个交易请求，且交易间隔在 2 毫秒内，链上清算效率足够。Blockbaster 试验归纳出基于区块链的清算系统有几个缺点，第一是交易冲突。试验中有一定量的交易冲突但是在可接受范围内，交易冲突主要发生在 DvPs 以及现金交易中。第二是系统耗能高。基于区块链的清算系统会造成高 CPU 使用率以及经常性的系统延迟。

2. Daura

Daura 是一个证券代币化平台，由瑞士电信创立。2019 年底，Daura、德意志交易所及欧洲期货交易所成功试验基于区块链的金融交易后服务。该次试验存在三方角色。第一，欧洲期货交易所为付款方，并利用 Corda 平台进行资金 Token 化。欧洲期货交易所向瑞士国家银行（Swiss National Bank）下的 Token 账户转入资金（瑞士法郎），触发 Corda 平台发行等量 Token 化资金至欧洲期货交易所 Token 地址。第二，以 Falcon Private Bank 为首的三家银行为付券方，利用 Daura 平台将证券 Token 化。证券 Token 化过程符合存托凭证发行过程，Daura 平台则为存托机构的角色。第三，Custodigit 为托管机构，提供安全解决方案及秘钥托管的服务。

该次试验付券端和付款端使用两种不同的区块链体系（Corda 和 Hyperledger Fabric），属于跨账本 DvP。该试验利用"跨链安全结算"进行逐步结算，确保结算过程保持原子性。Daura 链上证券交易结算过程见图 13-2。

（四）东京证券交易所（JPX）

东京证券交易所对区块链技术应用于机构间证券交易撮合进行了概念性试验，共有 26 家金融机构参与试验。JPX 传统证券交易撮合包含四个步骤：一是交易发起；二是双方交易确认，包含交易细节及佣金；三是买方将交易佣金分配至卖方账户并通知卖方；四是双方核对交易数据，如无误则

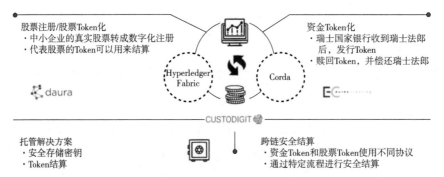

图 13-2　Daura 链上证券交易结算

撮合成功（见图 13-3）。之后，一旦受托银行确认交易结果，将会自动产生双向结算数据。由于交易细节繁杂，传统证券交易在交易前都会进行频繁的沟通和确认，交易撮合效率低。

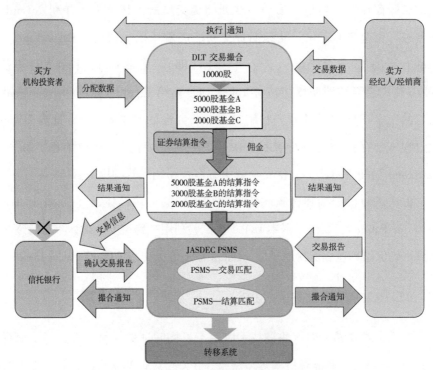

图 13-3　JPX 基于区块链的交易撮合解决方案

本次试验中，JPX 利用区块链重构交易撮合流程。买卖双方在事前就佣金计算和计算逻辑达成共识，形成区块链上的智能合约。买卖双方都无须自行计算佣金，发生错配的概率降低。受托银行可以以逐笔交易的方式查询区块链上的合约数据，买卖双方的信息交换效率更高。如果受托银行确认交易细节后，可与中央托管结算机构直接链接，无须买卖双方与中央托管结算机构之间进行频繁的数据传输更新。

（五）多伦多证交所

2018 年 10 月，加拿大银行、TMX 集团，以及非营利组织 PaymentsCanada 宣布实时证券结算项目"Jasper"测试完成。Jasper 项目在实时证券结算中，分别实现了资金和证券 Token 化（见图 13-4），且在清算方面可实践 DvP。Jasper 项目分为四个阶段，第四阶段与新加坡金管局的 Ubin 项目共同发布。接下来重点介绍与证券资产上链有关的 Phase 3。

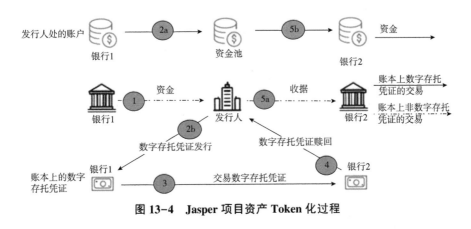

图 13-4　Jasper 项目资产 Token 化过程

Phase 3 主要研究目标是实现证券结算 DvP。以下是试验参与的角色：① 加拿大证券托管处（CDS）负责证券 Token 化。②加拿大银行负责资金 Token 化。两个 Token 化的过程皆符合数字存托凭证（DDR）的生成过程：Token 均各自代表交易者账户存在 1:1 等额资金或证券的凭证。Phase 3 证券结算属于单链 DvP，也就是付券端和付款端使用同一条区块链，并以逐笔全额的方式交付。

Phase 3 试验有两个结论：第一，基于区块链的清结算系统可以更好地整合 CDS 及 LVTS（大额支付系统），实现逐笔全额结算而不会增加过多日交易量。第二，各系统之间存在松耦合关系，扩展性较高。通过整合后端系统，扩大范围经济并降低参与者的成本。但相较于传统中心化清结算系统，Jasper 项目存在一些问题。首先，由于采用逐笔全额结算，参与方流动性会受到限制。其次，Jasper 项目试验无法确定在多资产结算下，区块链是否可以节省成本。最后，在数据处理上，结算的双方可能会得知彼此隐私信息，而传统中央结算并无此问题。

（六）阿布扎比交易所

2019 年底，阿布扎比交易所与国际证券服务协会（ISSA）发布了基于区块链的数字资产报告。报告中概述了加密资产的发行、清算、保管和其他服务的关注要点，以下分为三个部分做总结：

1. 证券资产发行

报告中对基于区块链的证券资产发行归纳出三个结论：第一，理论上基于区块链的证券资产发行可以为市场带来更高的效率，但由于监管的非标准化，目前区块链能否提高证券发行效率有待讨论。第二，证券资产上链提供另类非金融资产重要的投资管道，包含碎片化及规模化投资，监管层面需要扩展。第三，智能合约为证券发行阶段最重要的机制。一级市场可能因此出现新的功能角色，如智能合约验证服务。

2. 证券资产清算

基于区块链的证券资产清算方式可以分为两种：链外清算以及链上清算，以下分别介绍两种清算方式：

（1）链外清算。链外清算意味着付券端为 Token 范式，而付款端为账户范式。链外清算分为以下两种方式：第一种是实时清算。这种方式通过

RTGS 系统进行清算，适用于营业周期内的大额交易。付券端的区块链系统可以实时确认付款端是否有足够资金清算交易。付款端通过 RTGS 将资金转至付券端账户的同时，付券端将链上证券转至付款端链上地址，达成实时清算。第二种是条件清算，适用于小额或非营业周期内的交易。与实时结算的差别在于，条件清算只涉及账面上的清算，不具备最终性，交易会产生对手信用风险。

需要注意两点：第一，根据该报告研究，目前两种链外清算方式都难以达成多边净额结算。第二，链外清算在效率及成本节约上并无太大优势，传统中央结算系统效率更高。

（2）链上清算。链上清算付款端与付券端都在区块链上清算交易，均属于 Token 范式，清算过程无须涉及传统法币系统，链上清算需要 Token 化资金及 Token 化证券参与。最理想的 Token 化资金为央行发行之稳定币，信用风险由高至低分别为商业银行以存款发行之稳定币，以及非银机构发行之稳定币。链上清算分为两种，单链 DvP 以及跨链 DvP，具体机制前文已详述。有两点需要注意：第一，链上清算可以实现实时券款对付，但是提升的效率可能与额外消耗的流动性抵销。第二，链上清算是否能实现最终性是由区块链性质而定，部门公有链有分叉的可能，这会影响链上清算的最终性。

3. 其他证券相关

企业股东会决议会影响 Token 化证券，如发放股息或公司股票拆分。假设企业发放 Token 化现金股息，具体的步骤有三个。步骤一：企业计算现金股息总额并发放至 Token 发行商（存托机构）账户。步骤二：Token 发行商通知 Token 持有者发放股息的事实，并统计股东钱包地址。步骤三：Token 发行商发放股利至 Token 持有者现金钱包。Token 化股息发放涉及的问题主要有三个：一是 Token 化股息及实体股息清算日可能不同步。Token 化证券（T+0）及实体证券（T+2）清算日程无法同步，容易产生 Token

及实体证券中间股息及税的套利机会。二是公链的匿名性难以追溯股份最终受益人。三是现金股利可用法币支付，也可用 Token 化现金支付，有监管上的难点。

二、证券资产上链监管

（一）证券登记、交易及结算

在职能改变的层面上，目前证券基础设施包含支付系统、中央证券托管机构（CSD）、证券结算系统、中央对手方（CCP）和交易存托机构等机构。而加入区块链后证券基础设施职能范围将会有变化，影响较大的为证券登记结算公司，实体资金保管、结算交收等职能可能由区块链取代。

在监管层面上，Token 化证券在登记、交易及结算方面需要考虑到以下问题：一是交易记录的控制权；二是交易记录需涵盖的信息以及有权查看记录的节点；三是市场参与者的标准；四是交易记录呈现至监管的方式；五是系统异常报告记录如何在区块链中产生；六是如何维护并存储交易记录；七是厘清交易执行、清算、结算的界线以及适用法规；八是管理报价平台是否符合审计及监管系统。

（二）Token 化证券认定

证券资产上链涉及多个跨境监管技术问题。首先，Token 种类界定模糊，许多 Token 拥有不止一个性质，各国法律层面对 Token 的分类难以统一。可以体现在三个层面：一是法律义务。Token 持有者、发行者及质押资产的法律义务各国认定不一。二是 Token 性质。支付型、证券型或功能型 Token 分类各国尚未统一。三是 Token 在财产权中的如何受到保障。其次，证券交易涉及跨司法辖区的问题。Token 发行商可能在不同司法辖区有不同法律实体认定。假设 Token 发行商和 Token 持有者在不同司法辖区，则必须确定该发行对于相关接收方是合法的。最后，各国区块链技术发展进度不同。由前文所述各证交所的试点研究可知，证券资产上链需搭配资金上链才能发挥最大作用，部分国家已开始试验央行数字货币，而部分则尚未开始，可能会影响证券资产上链的标准。

（三）客户数据隐私

在基于区块链的证券交易环境下，客户信息和交易记录可能由网络各方共享。即使部分数据被加密，但存在脆弱性。包含美国证券交易委员会（SEC）及金融业监管局（FINRA）均有对客户隐私进行具体要求。证券上链需要考虑以下潜在的监管问题：一是券商如何订定客户数据隐私相关安全措施；二是区块链上各节点访问数据的权限；三是如何处理不同司法管辖区的要求冲突。

第十四章 开放金融（DeFi）的基础 模块和风险分析框架

开放金融（Decentralized Finance，DeFi）指区块链内用智能合约构建的开放式、去中心化的金融协议，包括借贷、交易和投融资等方向。2018年以来，DeFi 领域有很多试验和创新，也引发了不少讨论。DeFi 领域如同搭乐高积木那样的多层嵌套，有内在不稳定性，需要从金融经济学角度系统梳理并予以优化。本章试图提炼 DeFi 的基础模块（Building Block），并借鉴主流金融领域做法，提出 DeFi 的风险分析框架。

一、DeFi 的拓扑结构和主要风险类型

DeFi 中存在"点"和"线"，"点"指 DeFi 的参与者，"线"指这些参与者之间的联系。

主流金融领域的参与者包括资金供给者和需求者以及金融机构和金融市场。在 DeFi 中，这些参与者均体现为区块链内的地址和智能合约，而智能合约也有地址。因此，不管 DeFi 参与者承担何种角色，本质上都是区块链内地址，这就是 DeFi 的"点"。

区块链内是一个去信任环境，地址本质上是匿名的，与区块链外的身份和信誉机制之间没有必然联系，一般情况下很难穿透到地址背后的控制者。因此，区块链内地址不能作为信用主体。在主流金融领域，当个人或企业向银行申请贷款时，银行会评估它们的还款意愿和能力；当企业发债融资时，投资者会评估其信用等级；当企业募集股权资金时，投资者会评

估其盈利前景。然而，这些评估工作在 DeFi 中都不存在。DeFi 中的信用风险管理，高度依赖于超额抵押（Over-collateralization）。

DeFi 参与者之间通过金融合约联系在一起，这就是 DeFi 的"线"，主要分为债权合约和权益合约。这些金融合约通过区块链内可编程脚本（即智能合约）来表达，体现为在一定触发条件下 Token 在地址之间的转移。因此，DeFi 活动最终体现为 Token 转移。Token 转移既有资金流通的含义，更有风险转移的含义。

DeFi 参与者之间的金融合约有以下关键特征：第一，金融合约影响 DeFi 参与者的经济激励。第二，如果金融合约的触发条件取决于区块链外信息，就需要先由预言机将这些信息写入区块链内。预言机是否准确以及是否及时更新，是 DeFi 的一个主要风险来源。第三，矿工或验证节点按规则处理金融合约，矿工或验证节点本身是"竞争上岗"，使得金融合约被自动处理且难以被屏蔽。第四，DeFi 活动发生在区块链内，会受制于区块链的物理性能和智能合约的安全性，这也构成 DeFi 的一个主要风险来源。需要说明的是，尽管区块链内地址不能作为信用主体，但分析 DeFi 金融合约，可以重组出地址的资产负债表。第四部分将说明，资产负债表分析是一个重要的 DeFi 分析工具。

DeFi 主要涉及以下风险类型：

第一，市场风险，指 DeFi 参与者因 Token 价格的不利变化而发生损失的风险。因为加密资产价格具有高波动性，市场风险在 DeFi 中表现得非常突出。

第二，信用风险，指 DeFi 中债权方因还款地址无法履行 Token 还款义务而损失的可能性。DeFi 中的信用风险管理高度依赖于超额抵押，但超额抵押不能完全消除信用风险。

第三，流动性风险，指 DeFi 参与者无法及时获得充足 Token，或者无法以合理成本及时获得充足 Token，以应对资产增长或支付到期债务的风险。DeFi 中流动性风险的一个重要来源是，Token 作为抵押品锁定了流动性。

第四，技术风险，主要来自：① 区块链的物理性能使链上拍卖和链上抵押品处置等交易不能被及时处理；②智能合约漏洞和编写错误，这从 The DAO 事件起就是一个重要问题；③预言机不准确，或受制于区块链的物理性能而更新不及时。在市场动荡、情绪恐慌时，区块链容易拥堵，一些有助于市场风险出清的交易可能不会被矿工处理，或者需要付出较高手续费或 Gas 费才会被矿工处理，体现为不容忽视的结算风险。这不仅会降低市场风险出清并重新趋向均衡的效率，也会降低市场参与者对市场有序运转的信心，进一步放大市场恐慌。

二、DeFi 中的债权和权益合约

债权合约是理解 DeFi 中借贷、衍生品以及杠杆活动等的基础。接下来考虑一个最基本的债权合约：某一时点从 A 地址往 B 地址转 X 数量的 Token，一段时间后从 B 地址往 A 地址转 Y 数量的 Token。

在未来时点，智能合约对收款地址 A 没有特殊要求，对还款地址 B 则有非常强的要求：如果还款地址 B 中的 Token 数量低于 Y，交易就会失败。这就是信用风险的体现。只靠技术没法保障还款地址 B 的 Token 数量超过 Y，解决方法是对还款地址 B 设置超额抵押。抵押可以用与债权合约一样的 Token，也可以用不一样的 Token，只要抵押品的市场价值超过债权合约待偿本息即可。如果在未来时点还款地址 B 中的 Token 不足，智能合约会通过处置抵押品来保障收款地址 A 的利益。

用超额抵押来管理信用风险，可以从以下角度理解：

第一，超额抵押锁定了流动性，相当于将债权合约的信用风险转化为流动性风险。流动性在任何时候都是稀缺资源。任何资产用于抵押，就意味着放弃其他收益更高的用途。比如，Token 被抵押，意味着放弃在价格高点出售的权利。Token 价格波动性越大，或抵押期越长，流动性成本越高。流动性成本还与持有 Token 的策略有关，对长期持有 Token 的人而言，因为本就没有出售 Token 的计划，锁定 Token 的成本很低。但对一个普通投资者而言，在 Token 价格波动性高的时候锁定 Token，意味着很高成本。

第二，债权合约的价值基础是超额抵押，而非还款地址 B 的信用。而实际上，在区块链内的去信任环境中，也无法界定或度量地址的信用。这个看似显然的结论对 DeFi 有深刻影响。在 DeFi 借贷中，这造成借币利率不包含针对借款人的风险溢价，使得 DeFi 借贷的资源配置效率不高。但在 MakerDAO 中，这保证了来自不同抵押债仓（ Collateralized Debt Position, CDP）的 Dai 具有相同价值内涵，从而相互等价。

第三，如果抵押用的是与债权合约不一样的 Token，那么两种 Token 之间兑换比率的变化会影响抵押率。抵押率即使在初始时大于 1，也不能保证在还款时点仍大于 1。因此，超额抵押不能完全消除信用风险，并且信用风险可以由市场风险转化而来。在其他条件一样的情况下，两种 Token 之间兑换比率的波动性越高，超额抵押率要求应该越高，这背后的逻辑与主流金融领域的抵押品估值折扣（Haircut）相同。

第四，如果区块链的物理性能使得还款交易或抵押品处置不能被第一时间处理，那么收款地址 A 的利益仍没有有效保障。换言之，技术风险可以转化为信用风险。市场动荡引发的平仓、补充抵押品等提高了对区块链内交易的需求，使得区块链的物理性能成为一个硬约束，并减缓了市场风险出清的速度。

第五，站在还款地址 B 的角度，它提供的超额抵押仍属于它的资产，它还通过借款获得了新的资产，从而承担这两类资产带来的市场风险敞口。因此，债权合约有放大风险敞口的杠杆效应。这个看似显然的结论也对 DeFi 有深刻的影响，不管是稳定币项目 MakerDAO，还是以 Compound

为代表的去中心化借贷项目，核心都有债权合约，都有杠杆效应。而杠杆天然具有顺周期性，在市场上涨时，同样数量的抵押品可以在去中心化借贷中借出更多资产，或通过 MakerDAO 生成更多的 Dai，都能助推资产价格上涨；而在市场下跌时，抵押品对债权合约的保障作用减弱。当减弱到一定程度时，抵押品会被处置，处置抵押品会进一步压低抵押品价值。

权益（Equity）是对资产或未来现金流的索取权。在 DeFi 中，权益合约有两种主要模式。

第一，基于资产储备对外发行 Token 凭证，并且 Token 凭证与资产之间有确定的双向兑换关系。这个模式有四种子模式：①单一资产作为储备。比如 wBTC 使用这个子模式实现从比特币区块链到以太坊区块链的资产跨链。②一篮子资产作为储备。比如，在 Libra 2.0 中，Libra Coin 作为一篮子货币稳定币，通过智能合约按固定的名义权重将相关单一货币稳定币综合在一起，如美元 50%、欧元 18%、日元 14%、英镑 11% 和新加坡元 7%（以上这两种子模式都基于 100% 资产储备，并且 Token 凭证不分享资产储备的投资收益）。③存单子模式。这种子模式也基于 100% 资产储备，但资产储备可进行投资并赚取收益（比如，存入 Compound 或用于 Staking），而且将投资收益分享给 Token 凭证。Token 凭证可以在二级市场上流通，在赎回时兑现投资收益。因为资产储备投资有期限约束，如果 Token 凭证随时可赎回，这种子模式涉及期限和流动性转化。比如，EOS 资源租赁市场 REX 属于这种子模式。④Bancor 子模式。这种子模式可以基于部分资产储备发行 Token 凭证，Token 凭证与资产之间的兑换比率根据 Bancor 算法调整（见图 14-1）。比如，EOS RAM 属于这种子模式。需要看到的是，100% 资产储备可以视为 Bancor 算法的一个特例。

第二，Token 凭证代表未来现金流。比如，MakerDAO 中的 MKR 属于这种模式。一方面，全体 MKR 持有者通过稳定费渠道有正的现金流收入。在 Dai 赎回时，发行人将 Dai 和用 MKR 支付的稳定费发送到抵押债仓智能

资产储备	Token
R=CW·P·Q 0≤CW≤1	Token 价格：P Token 价格：Q

图 14-1　Bancor 算法

合约。另一方面，如果 MakerDAO 系统出现亏损，MKR 会被增发，通过稀释全体 MKR 持有者来吸收亏损。2020 年 3 月 19 日，MakerDAO 首次启动 MKR 拍卖，通过新发行 MKR 以回购市场上的 Dai，偿还 MakerDAO 在 3 月 12 日市场大跌中遭受的损失。

DeFi 作为去中心化协议，本质上都是债权合约和权益合约的组合。接下来重点以 MakerDAO 和 Compound 为例说明。

1. MakerDAO

MakerDAO 核心目标是让不同债权合约的 Dai 相互等价，是两类合约的组合：一是抵押债仓层面的债权合约 Dai；二是系统层面的权益合约 MKR。

MakerDAO 中的抵押债仓可以视为一个 SPV（特殊目的实体），由 Dai 的发行人（理论上可以是任何人）基于抵押资产（此处以 ETH 为例说明），并按照 MakerDAO 的规则设立（见图 14-2）。Dai 的发行和赎回过程是：①发行人创设抵押债仓智能合约（开设 SPV）。②发行人将抵押资产发送到一个特殊的智能合约（SPV 资产方），并且所有发行人的 ETH 抵押资产被混合存放。③发行人从抵押债仓智能合约处获得 Dai（SPV 负债方）。④Dai 赎回时，发行人将 Dai 和用 MKR 支付的稳定费发送到抵押债仓智能合约，解锁抵押资产，同时退回的 Dai 退出流通。

Dai 是抵押债仓层面的债权合约，所有抵押债仓适用统一的超额抵押率要求。如果抵押品市值下跌，发行人需要补充抵押品或退回部分 Dai，以维护抵押率。如果抵押率低于清算率，就会触发抵押债仓清算，类似于

资产	负债
ETH	Dai

图 14-2　视为 SPV 的抵押债仓

股权质押融资中的平仓机制。如果抵押品处置不足以覆盖债务缺口，那么 MKR 将增发并通过拍卖以获得 Dai，相当于由 MKR 持有者作为最后的损失承担者。因此，MKR 可以视为 MakerDAO 层面的权益合约。以上措施保证了不同抵押债仓的 Dai 相互等价。

2. Compound

Compound 作为一个去中心化借贷项目，是两类债权合约的组合，分别在存币者与 Compound 智能合约之间，以及借币者与 Compound 智能合约之间。对 Compound 的分析，有助于理解如下问题：第一，如何对 DeFi 项目进行资产负债表分析；第二，Token 存贷利率如何形成；第三，去中心化借贷与商业银行存贷业务有哪些本质差异。

在 Compound 中，存币者可以将自己拥有的 Token 转入 Compound 智能合约（存币），并在未来时刻将存的 Token 从 Compound 智能合约转回自己的地址（取币）。借币者可以将存入的 Token 作为抵押品从 Compound 借币，借币者借到的 Token 可以与自己存入的 Token 在数量和类型上不一致，但要满足超额抵押率要求。如果借币者的抵押品不够，Compound 协议会强制清算抵押品。

对存币者、借币者以及 Compound 智能合约，Compound 协议定义了四个会计科目：一是 Cash，指地址中的 Token 数量；二是 Borrow，指借币者向 Compound 借币的数量；三是 Supply，指存币者向 Compound 智能合约存币的数量；四是 Equity，代表所有者权益。对任一 Token，以及任一地址（不管是存币者、借币者，还是 Compound 智能合约），会计恒等式都成立：

$$Cash + Borrow = Supply + Equity$$

图 14-3 显示了 Compound 中不同活动对有关地址的资产负债表的影

响。资产负债表的四个科目中，只有 Cash 对应地址中的 Token 数量，其余都是会计概念，因此从 Cash 科目的增减可以看出 Token 的流动过程。

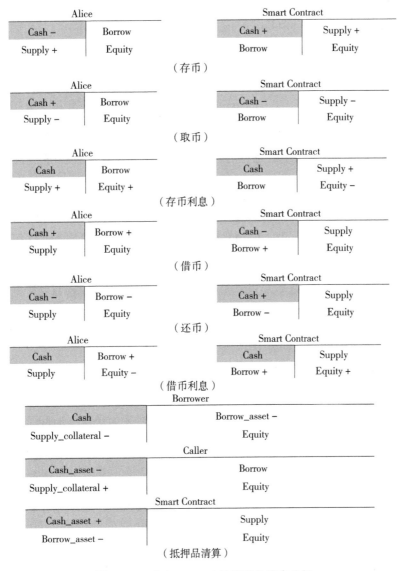

图 14-3　对 Compound 的资产负债表分析

资料来源：笔者绘制。

对任一 Token，Compound 协议设置的存币和借币利率如下：

U＝Borrow／（Cash+Borrow）

Borrowing Interst Rate＝10%+U×30%

Supply Interest Rate＝Borrowing Interest Rate×U×（1-S）

U 反映了借币需求高低。借币需求越高，存币和借币利率越会上升。Compound 将借币利率设置在始终高于存币利率的水平，这样能保障 Compound 协议的利差收入。Compound 的设计非常精巧，对存币和借币利率的设置符合经济学逻辑，但在具体公式设置上则有一定的随意性（ad hoc）。

比较 Compound 去中心化借贷与商业银行存贷业务，对理解 DeFi 很有意义。第一，商业银行的一个核心功能是，评估贷款申请者的信用状况，决定是否放贷以及贷款金额和利率，并搭配使用不同策略来管理信用风险。而在去中心化借贷中，信用风险通过超额抵押来管理，不存在信用评估，也不存在利率的风险定价机制。

第二，商业银行对个人和企业放贷时，资产方增加一笔贷款，负债方同时增加一笔存款。因此，商业银行放贷伴随着货币创造。而借币时，Token 从 Compound 智能合约转到借币者的地址，Token 总量不变，换言之，基于 Token 的存贷活动不会有货币创造。

第三，商业银行有期限转化功能，体现为贷款期限比存款期限长（"借短贷长"），并因资产与负债之间的期限错配而承担流动性风险。为此，商业银行要受流动性监管，中央银行会为商业银行提供最后贷款人支持。而 Compound 协会对存币和借币期限没有限制，会因期限错配而承担流动性风险。如果借币期限明显超过存币期限，就可能出现 Compound 智能合约中的 Token 不足以应对取币需求的情况。

三、DeFi 中的套利机制和相互关联

DeFi 参与者追求自身利益最大化，不会放过套利机会。DeFi 会通过套

利机制，有意引导参与者的行为。套利机制对理解 DeFi 中的资金流动和定价机制也非常重要，接下来举几个套利机制的例子。

（一）　基于单一资产储备发行 Token 凭证

套利机制会使 Token 凭证的价格与资产价值挂钩。如果 Token 凭证的价格高于资产价值，套利者会用资产生成新的 Token 凭证，以赚取差价（Token 凭证的价格－资产价值）。在这个过程中，Token 凭证供给增加，Token 凭证的价格下跌。反之，如果 Token 凭证的价格低于资产价值，套利者会赎回 Token 凭证并获得资产，以赚取差价（资产价值－Token 凭证的价格）。在这个过程中，Token 凭证供给减少，Token 凭证的价格下跌。这是以 Libra 为代表的基于 100% 法币储备的稳定币的价格稳定机制。

（二）　MakerDAO 的抵押品清算机制

如果 MakerDAO 抵押债仓的抵押率低于清算率，就会触发抵押品清算。根据 MakerDAO 的系统设置，参与拍卖的清算人持续叫价，起拍价为 0 Dai，最终获胜者至少可以获得 3% 的折扣，为清算人提供了套利机会，以吸引清算人参与拍卖。

（三）　Uniswap 作为预言机的功能

Uniswap 在智能合约中放入两种一定数量的 Token（"流动性池"），基于自动做市商算法自动计算两种 Token 之间的交易价格。如果不考虑手续费，不管用户怎么与智能合约交易，都得保证恒定乘积——$x \times y = k$，x 和 y 是流动性池中两种 Token 的数量，k 是常数。

Uniswap 尽管能实现两种 Token 之间的交易，但没有创建订单簿以进行交易执行和订单撮合，没有价格发现功能。用户在与 Uniswap 流动性池交易时，会参考中心化交易所上的价格。套利机制使得 Uniswap 上的交易价格趋近于中心化交易所上的价格。因此，Uniswap 可以把中心化交易所上的价格信息写入区块链，是一个去中心化的、不依赖于投票机制的预言机。但因为流动性池的存在，通过 Uniswap 进行交易和实现预言机功能的成本并不低。还需看到，流动性池越大，Uniswap 的交易手续费越低。

（四）DeFi 项目之间的相互关联

DeFi 项目之间存在多维度的相互关联（Interconnenctedness），形成了复杂的风险传导机制。第一，相互关联的资产和负债。比如，Dai 是 MakerDAO 系统中的债权合约，但在 Compound 中作为资产进行存贷。第二，信息上的相互关联。比如，Uniswap 作为预言机，给其他 DeFi 项目提供价格信息。如果把 DeFi 项目视为"点"，把 DeFi 项目之间的多维度联系视为"线"，那么这为研究 DeFi 的拓扑结构提供了另一个视角。

DeFi 项目之间的相互关联有利有弊。有利的方面是，按功能模块开发 DeFi 项目，拼装起来可以得到一个 DeFi 生态，这个"由点及面"模式有助于 DeF 领域的发展。弊端则体现在以下方面：第一，DeFi 项目之间的相互关联也是风险传导渠道，风险可以借此从一个 DeFi 项目传导到另一个项目。第二，DeFi 生态中越具基础地位的项目，越有可能与更多项目相关联。这形成了基础地位项目的"护城河"，但也会放大基础地位项目的风险，从而在一个去中心化生态中引入单点失败风险。一些基础地位项目（比如 MakerDAO）在 DeFi 领域已具备系统重要性。第三，DeFi 的"由点及面"模式容易缺乏整体规划，使得 DeFi 项目之间存在不完美的风险转移，并最终积累风险。

总的来说，本书的研究表明，不管金融活动采取何种技术，针对的是法币还是 Token，是中心化还是去中心化的，以及是有许可的还是开放的，以下关键点是不变的：第一，基本的金融功能不变。DeFi 也具备 Boddie 和 Merton 提出的六个基本的金融功能：支付清算，资金融通和股权细化，为实现经济资源的转移提供渠道，风险管理，信息提供，解决激励问题。第二，金融合约的内涵不变。DeFi 的基础是基于智能合约构建的债权合约和权益合约。第三，金融风险的内涵和类型不变。在 DeFi 中，信用风险、市场风险、流动性风险和技术风险等尽管在表现形式上不同于主流金融领域，但概念和分析方法依然适用。因此，DeFi 也是在经营风险，需要审慎地管理好风险。

第十五章　加密资产估值模型评述

随着加密资产市场的迅速发展，市面上对加密资产的关注也越来越多。类似于对股票的估值，很多研究人员也对加密资产这一新兴资产的估值模型进行了深入研究。目前，加密资产的估值模型主要包括成本定价法、交易方程式、NVT 和梅特卡夫定律等。

一、成本定价法

成本定价法是最直观的加密资产估值方法，其核心理念是将加密资产的生产成本（例如比特币的挖矿成本）视作加密资产价值的下限指标。只有当生产成本低于或等于加密资产的市场价格时，生产者（例如比特币矿工）才会继续生产；而当生产成本高于加密资产的市场价格时，理性的生产者会停止生产，防止持续亏损。

（一）方法和流程

以比特币为例。矿工是比特币生态中的生产者，矿工进入和退出没有法律和监管限制，理论上是自由的，比特币挖矿可以简单视作一个完全竞争市场。按经济学理论，长期来看，完全竞争市场中的企业最终会达到一个均衡，所有企业的净利润为零。对于比特币而言，也就是所有矿工的净利润为零，即挖矿收益等于生产成本（生产成本包括电费、矿机成本、维护费和人工成本等），因此可以用生产成本对比特币进行估值。

下面用经济学模型分析比特币矿工挖矿，并引入以下符号：

h：矿机算力，单位是 TH/s。

PC：矿机单位功耗（Power Consumption），单位是 kW·h/TH。假设在矿机生命周期中保持不变。

R：一天内比特币全网出块奖励。因为出块奖励远大于手续费，这里先不考虑手续费。

H：全网算力，单位是 TH/s。

E：电费，单位是 $/（kW·h）。

D：电费系数，电费在总生产成本中占的比例，一般在 70%。

P：币价，单位是 $/BTC。

在一天中，矿机花费的电费是 86400·h·PC·E（1 天有 86400 秒），预期挖出 h·R/H 个 BTC，再考虑矿机成本、维护费和人工成本等因素的影响，平均挖矿成本等于：86400·H·PC·E/R/D

根据成本定价法，以上公式也是单个比特币的估值。

（二）局限性

成本定价法中计算的主要成本是电费，因此只能对采用 PoW 共识算法的加密资产进行估值。对于采用 PoS、DPoS 和 PBFT 等其他共识算法的加密资产项目，加密资产的产生依靠持有者的权益等，不需要使用电力进行挖矿，成本定价法不适用。后一类项目的成本主要体现为，参与共识算法需要锁定权益，而锁定权益是暂时放弃根据市场情况出售权益的权利，会造成流动性成本。流动性成本很难量化，既与锁定权益的数量和时间正相关，更与持有权益的策略有关。

矿工之间的竞争不是平等的，不同矿工的电费成本、矿机成本和矿机性能会有明显差异，因此他们的生产成本也不相同。矿工之间存在竞争博弈，对于大量持有新型矿机的矿工来讲，他们最希望看到的场景是，加密资产的价格高于新矿机的关机价格但低于旧矿机的关机价格，迫使旧矿机离开市场。

成本定价法中假设矿工只受到利润预期的激励，这是一种过度的简化。矿工进入市场不是一个完全无摩擦的过程，矿工需要买矿机、建矿场、与电厂签署协议等。在前期投入大量时间和金钱后，短期的亏损不会让矿工立刻关机离场，如果一个矿工持续亏损，他肯定有退出市场的压力，但每个矿工退出的压力点并不相同。

成本定价法中没有考虑矿工获得的交易手续费。目前，出块奖励远大于手续费，手续费的影响不大。但比特币的出块奖励每四年左右会发生一次减半，随着时间推移，交易手续费所占的比重会增加。未来，需要在成本定价法中考虑交易手续费的影响。

就比特币而言，比特币的生产成本支撑比特币价格的说法也受到了很多人质疑。在给定时间内，比特币的供给由算法事先确定，与投入挖矿的算力没有关系。如果比特币价格上升，会有更多算力投入挖矿，但比特币供给并不会增加，比特币价格不会受到平抑。此时，更多算力竞争给定数量的新比特币，比特币的生产成本会上升。同理，如果比特币价格下跌，投入挖矿的算力会减少，但比特币供给并不因此减少，比特币价格不会受到支撑。此时，较少算力竞争给定数量的新比特币，生产成本会下降。

相比较而言，贵金属价格则与其生产成本之间存在更紧密的关系：如果贵金属价格高于其生产成本，在利润驱动下，贵金属生产活动会增加，推高贵金属供给，从而平抑贵金属价格；反之，如果贵金属价格低于其生产成本，贵金属生产活动会减少，降低贵金属供给，从而推高贵金属价格。

总的来说，成本定价法有很大的局限性，但对于手中有大量挖矿数据资料的矿工来讲，成本定价法仍然可以为他们提供一个有用的估值下限参考指标。

二、交易方程式

Burniske 认为，代币持有者从代币所有权中获得的使用价值与该代币预期支撑且持有者有望参与的经济规模有关，即该代币的网络价值，并命名为当前使用价值（Current Utility Value，CUV）。为了估计代币的网络价值，Burniske 借用了货币经济学中的交易方程式，其核心理念是货币供应的规模和周转频率与经济生产的商品和服务总价值（即 GDP）之间存在关系。

（一）方法和流程

交易方程式的表达形式是 $M \cdot V = P \cdot Q$，其中，M 表示货币数量，V 表示货币使用次数，P 表示价格，Q 表示商品和服务的交易总量。Burniske 使用交易方程式对加密资产进行估值，他认为加密资产的网络价值（M）与它支撑的经济规模（$P \cdot Q$）成正比，并与它的使用次数（V）成反比，即 $M = P \cdot Q / V$。

由此可知，对未来预期的代币网络价值（M）进行估值时，需要先得到预期时间内的价格（P）、交易量（Q）和使用次数（V）。得到网络价值后，如果想对单个代币进行估值，可以用网络价值除以代币的流通数量。同时，考虑到代币的未来价值和预期风险，需要用到现金流贴现法，并选择合适的贴现率。

交易方程式通常用来对应用型代币（Utility Token）进行估值。以加密资产交易所的平台币 A 为例。第一，计算未来五年内，A 支撑的每年经济规模（$P \cdot Q$）。A 的价值主要来自两个方面：手续费折扣价值和净利润回购价值。第二，计算每个 A 的使用次数（V）。A 的使用次数很难精确计算，一般在计算中会预估一个值。第三，通过公式 $M = P \cdot Q / V$ 计算得到

A 每年的网络价值（M）。第四，根据 A 的解锁计划和回购计划，预估 A 每年的流通数量。第五，使用每年的网络价值除以流通数量，得到未来五年单个 AB 的价值。第六，选择合适的贴现率，通过现金流贴现法计算当前 A 的价值。

（二）局限性

交易方程式通常用来对应用型代币进行估值，但加密资产市场上有应用场景并且大规模使用的应用型代币数量很少，很多加密资产的持有者的动机是投机而不是使用。目前，比较合适的估值对象是交易所平台币。

在使用交易方程式的过程中，由于数据难以获取或计算，会用到大量的假设，例如市场规模、市场占有率等，这会造成经济规模（P·Q）的计算非常困难，导致最终的计算结果不准确。

代币的使用次数（V）通常是取一个估计值。但 V 会受到用户的使用频率、对未来币价的预期、项目的激励等多重因素的影响，这些因素已经超过经济学的范畴，无法提前预知。特别是加密资产市场本身就处于早期阶段，经验数据非常有限，V 的预估值很可能也是不准确的。一些研究者根据代币的链上交易量来估计 V，这是可商榷的。代币的流通，既可以通过链上交易进行，也可以在交易所内交易进行。从经济学的角度，两种流通方法的产权转让和价值流转含义基本相同，很难说链上交易的"含金量"高于交易所内交易。

需要说明的是，交易方程式 M·V=P·Q 来自货币金融领域，但用法与加密资产领域有很大差异。在货币金融领域，P 表示用货币计价的商品和服务价格，V 表示货币流通速度。交易方程式等式左边从货币流通角度衡量市场活动总量，等式右边从商品交易角度衡量市场活动总量。因为现实经济中有多种商品和服务，P·Q 一般用国内生产总值 GDP 代表。货币流通速度对贵金属货币和现钞的含义非常清楚。但目前大部分货币是存款，银行放贷伴随着存款产生，并且在部分准备金制度下有存款多倍扩张机制，存款的流通速度的含义比较模糊。因此，货币金融领域对交易方程式主要有两种用法。第一，用 V = GDP/M 来测量货币流通速度 V。第二，假设货币流通速度 V 以及商品和服务总量 Q 不变，用 P 与 M 成正比来说明通货膨胀和货币供应量之间的关系。

目前来看，交易方程式可以对交易所平台币等应用型代币进行估值，但在估值过程中会用到大量假设，估值结果并不准确。

三、网络价值与交易量比率法

网络价值与交易量比率法（NVT）表示网络价值与交易量之间的比值，其核心理念是衡量网络价值与网络使用价值之间的比值。

（一）方法和流程

NVT 的计算比较简单。分子是加密资产的网络价值，类似于上市公司的总市值；分母表示交易量，主要是衡量加密资产的链上交易量，交易量用法币计算。由于很多加密资产的每日链上交易量变化较大，为了平滑NVT 的波动，在计算过程中一般选取一段时间内交易量的平均值来计算 NVT。

NVT 是一种相对估值的方法。对比不同加密资产项目的 NVT，如果某个加密资产项目的 NVT 明显偏高，那么可以简单判断这个项目存在被高估的可能性。

（二）局限性

加密资产市场还不成熟，缺乏有效的历史数据，因此基于交易量等市场数据得到的相对估值方法的有效性会受到质疑。同时，很难确定一个

NVT 基准值来判断加密资产项目是否被高估。在 NVT 的计算过程中，不同时间段的计算结果会有很大的区别，如分别计算 30 天 NVT 和 90 天 NVT，两者的计算结果不同，会影响判断结论和有效性。

NVT 只计算链上交易量，但有些交易并不发生在链上，这会造成实际交易量被低估。例如，比特币的一部分交易通过闪电网络完成，不能体现在链上；对于 Monero 和 Zcash 等注重隐私和匿名的加密资产项目，也不能通过链上数据得到完整的交易信息。

NVT 模型也没有考虑到当前加密资产的主要使用场景是在交易所进行交易而非链上支付，而中心化交易所的交易是不会在链上留下对应的交易记录。前文已指出，很难说链上交易量的"含金量"高于交易所内交易。由于使用场景不同，不同加密资产的使用和交易频率也不相同，在交易量的衡量上存在很大的差异。这限制了不同加密资产之间的可比性，不应该使用 NVT 来简单对比加密资产项目。

目前来看，NVT 可能提供了一种评估加密资产基本价值的方法，但只适用于交易相对稳定且发展相对成熟加密资产项目。

四、梅特卡夫定律

梅特卡夫定律是一个关于网络价值和网络技术的发展的定律，其核心理念是：一个网络的价值与该网络内用户数的平方成正比。也就是说，一个网络的用户数越多，那么整个网络的价值也就越大。

由于货币具有网络效应，加密资产的用户和使用场景越多，其价值也会越高。因此有观点认为，从中长期来看，梅特卡夫定律可以用于评估加密资产的网络价值。

（一）方法和流程

梅特卡夫定律最初的表达形式为：$NV = C \cdot n^2$，其中 NV 表示网络价值，n 表示用户数量，C 表示系数。在评估加密资产项目时，n 可以取每日活跃地址数。

以比特币为例。NV 由比特币的价格进行计算，n 由比特币的活跃地址数表示，并根据比特币的价格和活跃地址数的历史数据拟合得到系数 C_{BTC}。然后，可以用 $NV = C_{BTC} \cdot n^2$ 来对比特币进行估值。但由于这个估值方法过于简化，估值的结果并不准确。因此研究人员在将梅特卡夫定律应用于比特币时，提出了几种改进形式，包括 $NV = C \cdot n^{1.5}$ 和 $NV = C \cdot n \cdot \log（n）$ 等，作为比特币网络价值的参考指标。

（二）局限性

对于加密资产项目，梅特卡夫定律仅限于长期趋势性指导。从短期来看，梅特卡夫定律的有效性受到质疑，几种表达形式都相对比较简单，只能在某些特定时间段内与比特币的价格曲线拟合得比较好。

对于表达式中的 n，不同的加密资产项目可能会采用不同的指标。除了活跃地址数之外，还可能采用交易者数量、矿工数量、钱包数量和总地址数等。需要注意的是，这些链上数据都不能反映交易所内的实际情况。

梅特卡夫定律的理念是所有节点之间都实现互联互通。但对于加密资产来讲，每个用户在生态中只会与有限的其他用户之间发生信息和价值的交互，甚至有些用户出于安全考虑，会主动尽可能减少与其他用户的联系。

总的来说，加密资产市场还处于早期发展阶段，每种估值方法都存在很大缺陷和局限性。随着加密资产市场的成熟，这些估值方法还会进一步发生变化。

不同于已有几百年历史的成熟股票市场，加密资产问世仅十多年，有效经验数据还非常少，主流的估值方法还没有发展成型，不能盲目套用股票领域的估值模型，需要结合加密资产和区块链自身具有的特点去分析和研究。从加密资产自身的特点出发，共识是一个重要的基础，共识的范围和程度会影响供求关系，并进一步影响加密资产的价值。

同时，每个加密资产项目的主要特征和影响市值的因素并不一样，项目的愿景、开发进度、团队成员、代币的流通数量、活跃地址数量等因素都可能会对加密资产项目的市值造成影响，不同的项目需要不同的估值模型，并不会有一个普适性的估值模型。

无论估值方法和模型的最终形式如何，本质上还是需要加密资产自身具有价值。但目前市面上大量的加密资产缺乏可行的商业逻辑，不能真实地捕获网络价值，从而导致加密资产的价值得不到有效支撑，价格变化主要来自市场流动性的影响，而缺乏基本面方面的支撑。

第三篇

应用落地：区块链服务实体经济

本章讨论区块链服务实体经济方面的应用（区块链在金融领域的应用见第四章）。按照第二章关于区块链兼具信息互联网和价值互联网两方面功能的讨论，本章主要属于区块链作为信息互联网的应用，共讨论三个层次的问题。

第一，区块链在抗击新冠疫情中的应用。这是当前最受关注的区块链应用领域之一。面对新冠疫情，区块链技术已经在慈善公益、疫情数据和产品溯源等领域得到应用，并在公共事务治理、数据共享和隐私保护等领域表现出很大潜力。但也要看到，区块链有能力边界，在一些场景中需要配合人工智能、物联网和云计算等技术共同完成任务。

第二，区块链在数据要素市场的应用。这是区块链作为信息互联网的核心经济学问题。2020 年 4 月，党中央、国务院发布的《中共中央 国务院关于构建更加完善的要素市场化配置体制机制的意见》中将数据与土地、劳动力、资本、技术四项传统要素并列为新的经济要素。2020 年 7 月和 10 月，全国人民代表大会发布了《中华人民共和国数据安全法（草案）》以及《中华人民共和国个人信息保护法（草案）》。如何既发展数据要素市场，又有效保护个人隐私和数据安全，已成为我国数字经济和数字金融下一步发展面临的核心问题，而区块链有望在这方面发挥重要作用。因为这个问题的复杂性，我们先参照金融系统的组织形式来预判数据要素市场的组织形式（包括数据交易市场、数据银行、数据信托和数据合作社等），再据此讨论区块链在数据价值链的不同环节能发挥的作用（包括数据记录和获取，数据收集、验证和存储，数据分析，以及数据要素配置等环节）。

第三，"区块链+物联网"乃至"区块链+一般的机器网络"的应用。区块链属于新技术基础设施，物联网属于通信网络基础设施，"区块链+物联网"将在新基建中发挥重要作用。从数据要素市场的角度，"区块链+物联网"的核心是物联网设备产生的数据如何上链这一特殊问题。我们讨论了相关的软硬件问题和底层创新。在不久的未来，物联网设备数量将远超移动互联网设备数量，物联网数据将远超互联网数据，成为数据要素市场的重要组成部分。

不仅如此，物联网设备和一般的机器网络（比如通信网络、智能设备网络等）设备将逐渐具备运行哈希算法和公私钥签名算法等能力，并且只要针对应用场景做好可编程设计，这些设备就能够参与数字货币交易并调用智能合约。因此，机器网络中引入央行数字货币作为机器间支付工具①，可以进一步引入市场机制，从而实现一个去中心化的、以价值交换为基础的机器间大规模协作机制。这会产生很大的经济价值，为网络基础设施建设发展出新的融资方式，将区块链带入"万物互联"的广阔应用场景。

---

① 财新网 2020 年 11 月 24 日报道，数字人民币已开展与充电桩、自动售货机等硬件相结合的试验。

第十六章 区块链在抗击新冠疫情中的应用

2020 年春节前夕，面对突如其来的新型冠状病毒感染的肺炎疫情（以下简称疫情），医护人员坚守在疫情一线挽救病患生命，各地爱心人士筹集并捐赠物资。区块链企业和从业人员积极将区块链技术应用到抗击疫情中，帮助疫区人民共渡难关。

一、区块链在抗疫中的主要应用

（一）慈善公益

在这场抗击疫情的战役中，受到质疑最多的是慈善机构红十字会。全国各地爱心人士积极为疫区筹措和捐赠了大量物资，但前线医疗物资紧缺的问题一直没有得到缓解，反而是当地的红十字会被爆出大量负面新闻。例如，捐赠物资的分配不透明，部分与疫情无关的医院却优先拿到医疗物资；捐赠物资的分配不及时，红十字会的仓库积压了大量物资。

区块链自身具有去中心化、不可篡改和可追溯等特点，是解决上述红十字会存在的诸多问题的一个有效途径。区块链可以在慈善公益中发挥以下四方面的作用：

第一，公开和透明是对慈善公益的基本要求，区块链上可以记录慈善公益中涉及的全部环节和所有信息，包括物资募集、物资分配、物资使用情况等，所有人都可以通过区块浏览器实时监控物资的去向。更低成本、更高效率、更安全地解决信任问题，是区块链的优势。

第二，在传统的慈善公益模式下，很多明星被爆出诈捐的丑闻但难以对他们进行追责。将区块链技术应用到慈善公益后，记录在区块链上的信息不可篡改，如果出现了诈捐可以迅速追责，这对所有参与者都是一种有力约束。

第三，在区块链上可以使用智能合约设置善款的使用规则，智能合约自动执行，减少人为干预。所谓"打酱油的钱不能买醋"，通过区块链和智能合约让捐赠者与受助人直接点对点对接，可以真正做到定向捐赠。

第四，区块链也具有匿名性的特点，可以根据捐赠者的要求保障捐赠者的隐私。在这次疫情中，很多区块链公司将区块链技术运用到慈善公益中，这是这次疫情中区块链技术应用最多的领域。

万向区块链联合万向信托打造的"万向慈善信托账户管理平台"是基于区块链技术的慈善信托账户管理平台，有利于捐赠人直接管理账户体系，并能对捐赠人账户的关键文件和资产进行存证，对关键事件的发生时间进行历史溯源等。已有客户通过该账户管理平台以商品物资形式向新冠肺炎武汉定点医院定向捐赠 500 万元，用于为一线医务人员免费提供和配送餐食。

在这次疫情防控工作中，区块链与公益慈善的结合点非常多，但总体应用效果还不是非常明显。一是因为区块链应用到传统领域的程度并不高，社会上对区块链的接纳程度有限；二是因为疫情会增加信息上链的难度，给核实捐赠信息的真实性带来很大的困难，这对于捐赠资金影响不大，但对于捐赠物资会有很大的影响。

（二）疫情数据

在疫情期间，公众对于最新的疫情数据需求非常高。区块链的分布式、去中心化、不可篡改等特性可以在这个领域发挥优势，为公众提供真实且及时的疫情数据。同时，链上数据可以追溯，如果出现谎报和瞒报的问题可以迅速追责，这对于疫情数据发布部门是一个有力约束。

2020 年 2 月 2 日，广州市南沙区疫情防控协同系统正式上线运营。该系统基于"南沙城市大脑"，运用区块链等信息化技术，汇总整合疫情重点关注人员、最新疫情数据、资源调度等各类防疫信息，打通各部门的数据，着力打造统一的疫情防控指挥中心。南沙区疫情防控协同系统主要包括疫情防控指挥中心、疫情汇总管理、防疫物资管理、企业复工管理、疫情防护信息上报五大功能模块，纵向对接广州市数据，横向实时打通区内政数局、政法委、来穗局、卫健局等多部门数据，实现跨部门多源数据对接。

2020 年 2 月 3 日，上海静安区临汾街道上线了"智慧临小二"平台。该街道内的 20 多个社区、688 家商户及 2 万余人次的口罩预约、回沪登记、健康打卡、访客登记、社区关爱服务，都能在这个平台上完成。在这个平台上，大量数据都通过区块链技术实现电子签名、存证，不可篡改。此外，借助区块链，许多需要当面接触的工作也可线上完成，大大降低了人群接触风险。

（三）产品溯源

在疫情期间，有不法分子生产假冒伪劣产品谋取暴利。因为目前的溯源难度大，很多消费者难以通过溯源防伪来鉴别假冒伪劣产品。利用区块链技术来做产品的溯源是早已提出的概念，本书对技术方案不做赘述，在下文讨论一下利用区块链技术进行产品溯源的可行性。

进行产品溯源的主要过程是：生产者将带有可识别标志（如二维码）的产品信息记录在区块链上，运输过程中的工作人员记录产品的物流信息，消费者可以在购买前通过扫码等方式获得该产品的详细信息，完成产品溯源。但在这个过程中存在一些问题。

首先，产品溯源的第一步是将产品信息准确地记录到区块链上。这里就引申出区块链的能力边界问题，即数据信息上链时的准确性是区块链技术无法保证的。也就是说，单从数据上链这个步骤看，区块链会将数据记录下来，但区块链技术并不能确保这些数据的真实性。

其次，产品溯源需要生产商对产品进行唯一性标识，这个标识如果做在包装袋上，不足以起到安全作用，因为包装袋与产品是分离的，不法分子完全可以回收包装袋或伪造包装袋。但对于粉状或液态的产品来讲，唯一性标志又不得不做在包装袋上，而且唯一性标志会增加产品的生产成本。

最后，产品溯源需要记录打包后的所有流通环节的信息，包括运输、出入库、封包、拆包等各个环节，这些流程可能是不同的公司操作的，这要求每个公司都要配合上链，要有专门的信息识别设施，做到无缝衔接，否则信息就会中断。如果追究操作人员的个人责任，那这个过程溯源还必须把每个环节的操作人身份信息上链，这些要求都会增加参与公司的成本。

目前来看，产品溯源和前文提到的慈善公益中实物捐赠面临相似的问题，单靠区块链没办法完成，需要配合 AI、物联网等技术，并且还需要完善的监督机制。相比于原来的体系，采用区块链进行产品溯源的成本肯定会提高，对于本身价格较低的产品，进行产品溯源的意义不大，大多数人也不会在意这类产品的整个供应流程；对于本身价格较高的产品，存在使用区块链技术进行产品溯源的可能，但这类产品往往本身有很好的防伪设计，或者整个行业有严格的监督体系，因此这类产品采用区块链进行溯源可能是出于效率方面的考虑，区块链在这里起到锦上添花的作用。

二、区块链在抗疫中还能发挥哪些作用

（一）医疗数据共享

目前我国医疗数据平台在数据收集和共享方面仍存在诸多问题，具体包括数据权属关系不明确，数据所有者缺乏对数据的控制权；数据利用率不高，价值还有待挖掘；数据篡改失真、记录遗漏、个人隐私泄露；存在信息孤岛，数据共享的动力不足；等等。这些问题给整个医疗体系水平的提升带来阻力。

医疗数据具有明显的特殊性。第一，医疗数据涉及更高的隐私性和敏感度，因而对数据安全提出了更高的要求。第二，医疗数据需要各个参与方的数据交换和数据协同计算，涉及的数据容量大，协同要求高。第三，各国、各行业、每个人都存在数据主权、数据产权、数据隐私的确权和保护需求，坚实可靠的数据确权和数据隐私保护，是跨国、跨行业、跨个人大规模合作的前提条件。

在医疗数据共享领域，区块链技术的作用主要体现在几个方面：其一是使用者可以在不泄露原始数据的情况下完成协同计算；其二是区块链不可篡改的特性，公开透明可验证，保证医疗数据的真实性；其三是利用区块链的密码学技术，将用户的数据以加密形式存储，保护用户数据的隐私。

在本次疫情中，将案例信息上链，可以让所有医护人员能实时掌握疫情发展状况，让科研人员能在非疫区也能进行研究。同时，区块链采用的密码学技术可以在这个过程中保护患者隐私。

需要指出的是，医疗数据共享需要政府层面的政策和法规支持，并不完全是医院层面可以决定的事情。同时，医疗数据非常庞大，将所有原始数据写到链上并不是最佳方案，可行的方案是将关键数据提取出来进行加密得到一个 hash 值，然后这个值写到区块链上，在需要的时候进行查询和调用。

（二）民生服务

疫情期间，交通阻隔让很多经济活动无法正常进行。北京市人民政府办公厅发布了"关于应对新型冠状病毒感染的肺炎疫情影响，促进中小微企业持续健康发展的若干措施"。其中在提高融资便捷性方面，文件指出，建设基于区块链的供应链债权债务平台，为参与政府采购和国企采购的中小微企业提供确权融资服务。

央行广州分行已下发通知，将对辖内从医院、农贸市场和公交行业回收的现钞予以销毁。商业银行先对上述场景回收的现钞进行全额清分、消毒，做好特殊标识后，上交至央行广州分行。央行广州分行对这些现钞做二次消毒，进而销毁，不再投放市场。如果推广使用 DC/EP，那么可以免去这个麻烦。

（三）疫情预警

区块链技术还可以在疫情预警中发挥作用。疫情预警系统可以采用联盟链技术，向基层开放节点，并且这些节点的身份都是公开的，利用区块链技术可溯源的特性，形成完整的责任链条能够完善追责机制。在这个联盟链基础上，适当放宽疫情初次上报的权限，形成基层实时预警网络，这样既可以改进目前的预警系统，也能防止上报权限的滥用。

（四）公共事务的治理

公共事务的治理不是指某一个具体的事情，而是一种更高层次的区块链应用，从根本上改变目前公共事务的治理模式，解决多方信息共享和多方协同效率的问题。

以患者入院治疗为例，社区负责人集合社区内患者，运输部门派司机接送，医院人员负责办理手续并入院。但由于几方之间没有协调好，大量患者滞留在外无法入院治疗。因此，公共事务的治理往往需要多方参与，需要大规模协同作战。区块链被设计成一个多方参与记账，共享一个账本的"总账系统"。区块链分布式总账系统，就是一个帮助建立大规模协同作战系统的技术，从而实现开放节点接入许可、依据各自角色担任特殊节点、共享所有数据、共同确认数据、分别负责各种任务等多个方位协同。

还有在疫情中很多公司采用了分布式办公，以及未来在这个基础上发展出来的共享经济、零工经济，都可以通过区块链技术进行经济激励并发扬光大。

总的来说，在这场疫情防控阻击战中暴露出来很多短板和不足，主要包括：多方协同的效率不高，捐赠物资的使用和流向不透明，产品溯源的难度大，医疗数据不能合理共享，信息公开和隐私保护之间难以平衡，等等。针对这些短板和不足，区块链已经在其中发挥了一些作用，但总体来看，区块链技术在此次疫情防控中发挥的作用并没有特别突出。

第一，面对疫情，区块链可以在公共事务治理、慈善公益、产品溯源、数据共享和隐私保护等领域发挥其优势和作用，这次疫情可能会给区块链的发展带来契机。

第二，区块链具有去中心化、不可篡改等特点，但也有能力边界。在一些场景中，区块链需要配合人工智能、物联网和云计算等技术共同完成任务。同时，运用区块链技术也需要一套健全的监督机制。

第十七章　数据要素市场的组织形式

数据要素市场将采取何种组织形式？这在学术研究和行业实践中都是一个前沿问题。很多数据属于公共产品，可以由任何人为任何目的而自由使用、改造和分享。因为大部分数据是非竞争性的，属于私人产品和公共资源的数据较少。数据的所有权不管在法律上还是在实践中都是一个复杂问题，特别是个人数据。

针对数据的这些不同类型和不同特征，产生了不同的配置机制。第一，作为公共产品的数据，一般由政府部门利用税收收入提供。第二，作为准公共产品的数据如果在所有权上较为清晰，并且具有排他性，可以采取俱乐部产品式的付费模式、开放银行模式以及数据信托模式。第三，在互联网经济中，很多个人数据的所有权很难界定清楚，现实中常见 PIK（Pay-in-Kind）模式，本质上是用户用自己的注意力和个人数据换取资讯和社交服务，但 PIK 模式存在很多弊端。第四，很多数据因为有非排他性或非竞争性，不适合参与市场交易。换言之，市场化配置不等于市场交易模式。

数据产权界定是数据要素有效配置的基础。可验证计算、同态加密和安全多方计算等密码学技术支持数据确权，使得在不影响数据所有权的前提下交易数据使用权成为可能。除了技术以外，数据产权还可以通过制度设计来界定，比如欧盟的《通用数据保护条例》（General Date Protection Regulation，GDPR）。

一、数据要素市场与金融系统的异同

金融系统的基本功能是融通资金（见图17-1）。在任何社会和任何时点，都存在两类经济主体，这些经济主体可以是家庭、公司和政府部门等。第一类经济主体由于支出少于收入而积累了盈余资金，称为资金提供者。他们往往不拥有生产性投资机会。第二类经济主体由于支出超过收入而面临资金短缺，称为资金需求者。他们往往拥有生产性投资机会，但缺乏实施投资计划所需的资金。金融系统将资金从资金提供者引导到资金需求者那里，帮助后者实施投资计划，有助于合理配置资本，提高经济社会的效率。此外，金融系统也帮助消费者合理安排购买时机，改善消费者的生活福利。

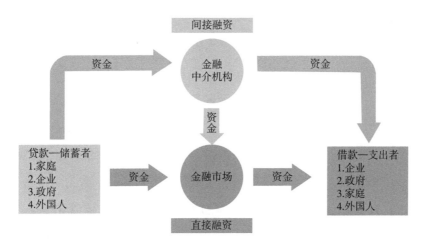

图17-1　金融系统对资金的融通

资料来源：弗雷德里克·米什金：《货币金融学（第九版）》，郑艳文、荆国勇译，中国人民大学出版社2010年版。

金融系统有两种融资模式。第一种是直接融资模式，体现为以股票和债券市场为代表的金融市场。通过金融市场，资金提供者自己决定将资金配置给哪些资金需求者，直接享有收益并承担风险。第二种是间接融资模式，体现为以商业银行为代表的金融机构。金融机构从资金提供者处归集资金后，决定资金配置给哪些资金需求者，再将相关收益和风险返还、分配给资金提供者。

与金融系统类似，数据要素市场也存在两类经济主体，一类是数据提供者，另一类是数据需求者。数据要素市场的基本功能是促进数据从数据提供者流向数据需求者，以实现数据要素的合理配置。以上是数据要素市场与金融系统相似的地方，也是本书分析的出发点。但更要看到数据要素市场与金融系统的关键差异。

第一，资金是典型的可交易商品。资金具有竞争性和排他性。竞争性是指，当资金供给者将一笔资金交给张三使用后，不可能再将这笔钱给李四使用。排他性是指，在张三使用一笔资金时，李四不可能无偿使用这笔钱。按经济学的分类，资金属于私人产品。很多数据具有非竞争性和非排他性——容易被复制，被反复使用，被多个人在同一时间使用，以及被免费使用。

第二，资金有清晰的所有权，金融交易伴随着资金所有权的变更。但在很多场合，数据的所有权难以界定，数据的产权更是一个复杂且内涵丰富的概念。在数据要素市场，涉及数据产权的参与者至少包含以下方面：

（1）数据主体（Data Subject），指数据描述的对象。数据主体可以是个人，这就涉及隐私保护，全球普遍趋势是通过立法和监管来保障个人对自己数据的权益。比如，欧盟 GDPR 引入个人数据产权的精细维度，包括访问权利、修改权利、删除或遗忘权利、转移权利、决定权利和最小化采集原则等。数据主体可以是非人格化的，如来自工业领域、物联网设备、市政网络和交通网络等的数据。非人格数据如果由政府部门采集，并且不能追溯到具体个人，欧盟提出应向全社会开放，以促进基于数据的决策。

（2）数据所有者（Data Owner），这主要针对所有权清晰的数据，比如知识产权。

（3）数据控制者（Data Controller）。数据控制者决定谁能使用数据、在什么条件下使用，以及如何使用（比如能否进一步对外分享数据）等。如前文讨论的，对个人数据，GDPR 实际上建立了数据主体和数据控制者之间的权力制衡。

数据要素市场上的数据提供者，主要是数据控制者，数据所有者可以视为一类特殊的数据控制者。但对个人数据，不是数据控制者说了就算，还要考虑数据主体的制衡。在这些制约下，数据需求者对数据的使用往往遵循一些附加条件。数据提供者也不一定向数据需求者让渡自己对数据的控制权。比如，在数据要素市场中，数据可以一直由数据提供者保存在本地，数据需求者给出数据分析工具，数据提供者按要求运行分析工具后，再把结果返还给数据需求者。

总之，以上分析在考虑数据相对资金的特殊性后，建立了数据要素市场与金融系统之间的映射关系（见表 17-1）。

表 17-1 数据要素市场与金融系统之间的映射关系

数据要素市场		金融系统
数据		资金
数据提供者	数据控制者（含数据所有者）	资金提供者
	数据主体	
数据需求者		资金需求者
数据要素市场的组织形式		融资模式

二、数据要素市场的组织形式研判

从表 3-1 可以看出，将金融系统的融资模式"迁移"到数据要素市场，有助于理解数据要素市场的组织形式。接下来重点讨论数据交易市场、数据银行、数据信托和数据合作社这四种组织形式。

（一）数据交易市场

数据交易市场类似金融系统的直接融资模式（金融市场）。数据需求者直接从数据提供者处获得数据，两者之间建立直接经济关系。数据提供者有较强自主性，自行决定把数据提供给哪些数据需求者。与金融市场存在集中化市场和场外市场一样，数据交易市场也有集中化和场外之分，前者适合标准化程度较高的数据交易，后者适合个性化、点对点的数据交易。

因为数据类型和特征的多样性，以及数据价值缺乏客观计量标准，目前并不存在一个集中化、流动性好的数据交易市场。

另类数据市场可以视为场外的数据交易市场。这个市场中存在大量的另类数据提供商。他们对数据的处理程度从浅到深大致可分为原始数据提供者、轻处理数据提供者和信号提供者。这个市场已发展出咨询中介、数据聚合商和技术支持中介等，作为连接数据买方（主要是投资基金）和数据提供方之间的桥梁。其中，咨询中介为买方提供关于另类数据购买、处理及相关法律事宜的咨询，以及数据供应商信息。数据聚合商提供集成服务，买方只需和他们协商即可，无须进入市场与分散的数据提供商打交道。技术支持中介为买方提供技术咨询，包括数据库和建模等。不难看出，从市场结构和分工合作关系看，另类数据市场与场外金融市场有很多相似之处。

（二）数据银行

在开放银行下，银行持有客户数据，并在客户授权下通过 API 对外共享。不同银行的客户数据不同，但对同一客户的数据可以通过 API 汇总。

因为不同银行介入个人数据市场的程度和管理能力不同，个人数据在银行之间通过 API 流动，在市场机制的作用下最终流向能最大化数据价值并保证数据安全的银行。这些银行将在开放银行生态中居于枢纽地位——从其他银行、金融机构和互联网平台等处汇集个人数据，并对外提供数据产品。这些银行在经营货币和信贷以外，也将可能经营数据，这就是数据银行概念。需要指出的是，数据银行是数据要素市场的一种组织形式，不一定由商业银行甚至金融机构来承担这一角色。

数据银行类似商业银行。商业银行有两大核心功能，是理解数据银行的关键。第一，期限转换，也就是将短期存款资金转换为长期贷款资金。资金需求者一般需要长期稳定资金开展投资，而资金供给者因为要应对随时都可能出现的流动性冲击，一般只愿意借出短期资金以保留一定灵活性。因为所有存款者（资金供给者）不会同时遇到流动性冲击，根据大数定理，商业银行只需将归集的资金的一部分以高流动性资产的形式存放，就能应付正常情况下存款者的提现要求，其余资金可以用来发放长期贷款。第二，受托监管。商业银行在贷款信用评估和贷后管理方面具有专门技术和规模效应，适合受存款者的委托来监督借款者（资金需求者）对资金的运用。

对应到数据要素市场上，数据提供者与数据需求者之间的匹配也面临两大问题。第一，供给与需求之间的不匹配。数据提供者的数据不一定正好是数据需求者所需的。比如，数据提供者的数据是未清洗、未处理或未经分析的原始数据，而数据需求者要的是直接可用的数据产品。又如，数据提供者的数据属于少量样本数据，而数据需求者要的是大样本数据。第二，数据提供者不一定有直接进行数据交易的专业能力。比如，数据提供者不知道如何对自己的数据估值，如何协商数据交易条件，或者如何在数据交易中保障自身权益。

数据银行有助于解决这两大问题。第一，数据银行可以作为分散的数据提供者和数据产品的最终消费者之间的桥梁。数据银行聚合从各个渠道得到的原始数据，处理和分析后以数据产品的形式提供给数据需求者。第二，数据银行代表数据提供者与数据需求者交易，能发挥专业优势，实现规模效应。

因此，数据银行的核心特征是：从数据提供者处聚合数据，加工成数据产品对外提供，自主与数据需求者交易，并将部分收益返还给数据提供者。数据银行要分享数据经营收益，但也要承担相关风险。

（三）数据信托

数据信托是一个在欧盟和英国很受重视的概念。与数据银行一样，数据信托不一定是信托公司，而是采取了类似信托的合约形式。

信托指委托人基于对受托人的信任，将其合法拥有的财产（称为信托财产）委托给受托人，由受托人按委托人的意愿并以自己的名义，为受益人的利益或者特定目的，按规定条件和范围占有、管理和使用信托财产，并处理其收益。概括来说，信托就是"受人之托，代人理财"。信托一般涉及三方面当事人：投入信用的委托人，受信于人的受托人，以及受益于人的受益人。信托成立的前提是财产权，委托人必须拥有信托财产的所有权或处置权，受托人才能接受这项信托。受托人按委托人要求对信托财产进行经营管理，收益归受益人所有，亏损也由受益人承担，受托人得到的是约定的信托报酬。信托不仅是一种特殊的财产管理制度和法律行为，同时也是一种金融制度。

英国的开放数据研究所（Open Data Initiative，ODI）对数据信托有全面研究。2019 年，ODI 发布研究报告《数据信托：来自三个试点项目的启示》[①]。ODI 提出数据保管人（Data Steward）的概念。数据保管人决定谁

---

① ODI，2019，"Data Trusts：Lessons from Three Pilots"以及配套的法律和治理层面分析报告：BPE Solicitors，Pinsent Masons，and Queen Mary University of London，2019，"Data Trusts：Legal and Governance Considerations"．

在何种条件下可以使用数据，以及谁能从对数据的使用中获益。一般情况下，收集并持有数据的机构承担数据保管人角色。

在数据信托下，收集并持有数据的机构（委托人）允许一个独立机构（受托人）来决定，如何为一个事先确定的目标（这里就包含受益人的利益）而使用和分享数据。因此，数据信托承担数据保管人角色。数据信托中的受托人一方面有权决定如何使用和分享数据，以释放数据中蕴含的价值，另一方面要确保他的决定符合数据信托的设立目标以及受益人的利益。

ODI 认为，数据信托有以下好处：第一，数据信托的受托人作为一个独立机构，能平衡不同委托人在谁能使用数据以及如何使用数据等方面的相互冲突的观点和经济激励。第二，数据信托帮助多个委托人更好地开放、共享和使用数据。第三，数据信托有助于降低数据保管和分享等方面的成本以及对专业技能的要求。第四，数据信托为初创公司和其他商业机构使用数据并开展创新提供了新机会。第五，数据信托能"民主化"数据使用和分享方面的决策权，使人们在关于他们的数据以及可能影响他们利益的数据使用上有更大话语权。第六，数据信托有助于数据有关收益的分配更广泛、平等且符合伦理道德。

ODI 提出数据信托的几个应用场景。第一，政府部门用数据信托来管理智慧城市收集和产生的数据，让市民更宜居、更宜出行。第二，非营利组织和慈善机构用数据信托来管理学术界和商业界产生的数据，以更好地解决诸如野生动物非法贸易、食物垃圾处理等社会问题。第三，商业机构用数据信托管理用户数据，使用户在自己的数据上有更大参与权利。第四，AI 开发者使用数据信托提供的数据开发新技术。

《麻省理工科技评论》2020 年 8 月报道[①]，欧盟计划在 2022 年前，通

---

① 参见网址：https：//www.technologyreview.com/2020/08/11/1006555/eu-data-trust-trusts-project-privacy-policy-opinion/ 。

过数据信托机制建立一个泛欧个人数据市场，为需要使用个人数据的商业机构和政府部门提供一站式服务。根据该计划，跨国技术公司将不被允许存储或传输欧盟的个人数据，而必须通过数据信托来使用这些个人数据。欧盟居民将从该市场获得"数据红利"，但"数据红利"是货币形式还是非货币形式尚不清楚。

（四）数据合作社

数据合作社是 ODI 提出的另一个设想：数据合作社由会员组成，数据来自会员、由会员控制、为成员所用。数据合作社尚无相关实践。

数据合作社借鉴了信用合作社的制度设计。信用合作社是一种合作金融组织，由一些具有共同利益、相互帮助的社员组成，经营目标是以简便手续和较低利率向社员提供信贷服务，帮助经济力量薄弱的社员解决资金困难。无论国内还是国外，合作经济都具有四个基本经济特征。第一，自愿：由社员自行决定入社和退社。第二，互助共济：每个社员都应提供一定数额的股金并承担相应责任。第三，民主管理：社员具有平等权利，无论股金多寡实行一人一票制。第四，非营利性：信用合作社的盈利主要用于业务发展和增进社员福利。

在以上四种组织形式以外，数据要素市场肯定还会出现其他组织形式。但可以断言，这些组织形式都可以借鉴金融系统的融资模式来理解。

第十八章　区块链在数据要素市场中的应用

　　区块链和数据要素市场是当前两个备受关注的领域。2020 年 4 月，中共中央和国务院《关于构建更加完善的要素市场化配置体制机制的意见》首次将数据列为要素之一，国家发改委在对"新基建"的界定中将区块链定位于新技术基础设施。很多专家和学者讨论了区块链在数据要素市场中的应用，高度肯定这方面应用对保护和使用个人数据、为 AI 发展完善数据基础的重要意义。但与区块链在央行数字货币、稳定币、供应链金融、存证和防伪溯源等领域的应用不同，数据要素市场本身处于发展早期，在很多核心问题上尚无定论，这使得关于区块链在数据要素市场中的应用的讨论很难深入。

　　本书在之前研究的基础上，讨论区块链在数据价值链的不同环节能发挥的作用。根据全球移动通信系统协会 2018 年报告[①]，数据价值链主要可分为四个环节（见图 18-1）：一是数据生成，指数据记录和获取。二是数据收集、验证和存储。三是数据分析，指处理和分析数据以产生新的洞见和知识。四是数据交换，指对数据分析结果的使用，既可以内部使用，也可以对外转让，这个环节称为"数据要素配置"更合适。

图 18-1　数据价值链的主要环节

---

　　①　GSMA，2018，"The Data Value Chain"．

一、区块链在数据记录和获取中的应用

区块链是关于 Token 的分布式账本，Token 本质上是区块链内定义的状态变量（第四部分将讨论 Token 在支付领域的另一个含义）。区块链内既存在与 Token 及其交易有关的数据，也存在与 Token 及其交易无关的数据。

与 Token 及其交易有关的数据（区块链各地址内有多少 Token 以及不同地址之间的 Token 交易记录）原生于区块链并被区块链记录下来，是数学规则的产物，其真实准确性由密码学、共识算法等保证。从占用区块链内存储空间的比例以及验证节点（矿工）投入的计算资源来衡量，这部分数据在区块链内数据中居于主导地位，也是区块链内"价值含量"最高的数据。比如，在央行数字货币和稳定币等应用中，这部分数据是分析资金流动和实施反洗钱、反恐怖融资等金融监管的基础。再比如，在加密资产估值中，链内交易数据是重要的估值参考。

与 Token 及其交易无关的数据作为 Token 交易的附加被写入区块链内。写入区块链意味着全网可见，不可篡改，并且在复制、传播中不会出错，但区块链本身不能保证这些数据在源头和写入环节的真实准确性。因为区块链内存储容量的限制，这部分数据在很多时候只能以哈希摘要形式写入区块链，只有其中的少量结构化信息才能以原始数据形式上链。因此，在现实世界无时无刻不在产生浩如烟海的数据中，能以原始数据形式上链的比例几乎可以忽略。这说明，区块链不是一个有一般用途的账本或数据库，应该用其所长。

哈希摘要上链主要作用是存证，为存放在本地设备或云端上的原始数据增信——在事后通过揭示原始数据（比如允许外部机构穿透到存放原始数据的本地设备），可证明两点：一是在区块链记录的上传时点，原始数据确实存在；二是上传者确实知道原始数据。但不宜拔高理解区块链的存证和为数据增信的作用。对并非原生于区块链的数据，其可信度离不开专门的数据记录和获取技术以及相关制度的支持，比如接下来将讨论的"区块链+物联网"。

值得关注的是"区块链+物联网"对物联网数据的管理。物联网设备不断从周边获取地理位置、温湿度、速度和高度等数据。在目前的端侧抗攻击技术下，物联网数据在源头的真实准确性上有相当程度的保障。物联网数据主要存放在云上和物联网设备本地，大部分物联网能够运行哈希算法和公私钥签名运算。在物联网数据上链中，只有少量结构化数据可以直接写入区块链，大部分数据是以哈希摘要的形式上链。因此，在"区块链+物联网"对物联网数据的管理中，相关操作均由物联网设备自动执行，效率非常高，也减少了人为干预。

"区块链+物联网"为理解区块链在数据记录和获取中的应用提供了基准。在物联网数据以外，很多数据在记录和获取中受人为因素影响很大，是否值得上链，需要算成本和收益的细账。

二、区块链在数据收集、验证和存储中的应用

数据收集、验证和存储主要靠数据库技术，区块链能直接发挥的作用有限。比如，金融领域对个人数据的管理，现在普遍强调 API 技术的应用，并在此基础上发展出开放银行概念：银行持有客户数据，在客户授权下通过 API 对外共享；不同银行的客户数据不同，但对同一客户的数据可以通过 API 汇总，成为数据聚合商（Data Aggregator）。

如第一部分讨论的，区块链能存储的数据非常有限，绝大部分数据存放在本地设备或云端上，但可以通过哈希摘要上链来增信。另外，如果数据收集、验证和存储通过由不同机构组成的市场分工网络进行，那么理论

上，这个市场分工网络可以构建在区块链上。这个方向要取得大范围成功，需要做好分布式经济体的机制设计。本书把相关的经济学问题概括为分布式数据经济体（Decentralized Data Economy），将在第四部分讨论。

三、区块链在数据分析中的应用

区块链在数据分析中能直接发挥的作用也非常有限。因为区块链内计算性能的限制，复杂的数据分析工作一般不通过区块链内智能合约进行，而主要靠统计学、计量经济学、数据可视化、大数据分析和 AI 等技术，相关计算发生在区块链外。

如果数据分析也通过不同机构组成的市场分工网络进行（比如，一些机构提供算力，另一些机构提供算法），那么理论上，也可以引入基于区块链的分布式数据经济体。

四、区块链在数据要素配置中的应用

区块链作为一项带有生产关系色彩的集成型技术，在数据要素市场中的应用将主要体现在数据要素配置环节。接下来将从数据要素确权和数据要素市场的组织形式这两个层次讨论这一问题。

（一）数据要素确权

经济学研究表明，任何资源有效配置的前提都是确定资源的产权，数据要素也不例外。产权是一个复杂的经济学概念，指一种可执行的社会架构，该架构决定资源是如何被使用或拥有的。产权有三个核心维度：第一，使用资源的权利；第二，从资源中获得收益的权利；第三，将资源转移给他人，改变资源，放弃资源，以及损毁资源的权利。产权可以细分为

第十八章　区块链在数据要素市场中的应用

所有权、占有权、支配权、使用权、收益权和处置权等"权利束"。

数据兼有商品和服务的特点，很多数据是非排他性的和非竞争性的，数据的所有权不管在法律上还是在实践中都是一个复杂问题，特别是个人数据。现实中，能清晰界定所有权的数据的典型代表是专利，但从专利更能看出数据确权的复杂性。

取得专利权的前提是公开发明的技术内容，以便大众作进一步改良，避免重复研发的资源浪费。比如，专利审理机关一般会在发明专利申请后约 18 个月将专利说明书内容公开。专利权人在法定期间内享有专利技术的排他权，享有商业上的特权利益，这是为保护发明人的权利，鼓励大众从事发明。当专利权法定期间届满时，专利权即告消灭，民众可根据专利说明书所揭露的内容，自由运用其专利技术。

从全球实践看，数据要素确权是法律和技术共同作用下的产物，一般先由法律确定数据产权的制度框架，再由技术来保证这些制度框架的可执行性。比如，现在很多报纸杂志是付费的，只有付费账户才能阅读文章，并通过技术来限制对文章的复制和截屏，如果发现有人抄袭就通过法律来维护权益。在很多场合，只靠技术是没法对数据要素确权的。第一部分讨论了区块链的存证作用。数据存证不等于数据确权。比如，发明人可以把发明文件的哈希摘要放到区块链上，证明自己最早做出相关发明，将来出现纠纷时有一定"自证清白"功能。但如果不经过专利审查机关的核准，发明文件上链不意味着专利权。

一些专家和学者认为，只有所有权清晰的数据才能进入数据要素市场。这是很大的误解。"所有权清晰+买断式交易"模式只适合像专利这样的特殊类型数据（比如，很多企业兼并收购交易就包含对专利的定价），但不会成为数据要素市场的主流。在实践中，数据要素市场成立的前提是对数据的有效控制，也就是控制谁（Who）能在何种条件下（What）以何种方式（How）使用数据。换言之，数据产权归根结底体现为对数据的有效控制，这个角度有助于理解区块链在数据要素确权中的作用。

在区块链内，地址能隐藏实际控制者的身份，哈希摘要能隐藏原始数据，但区块链本身不是隐私管理技术。特别是公链内数据是全网可见的，需要配合环签名、混币和合币等技术才能隐藏链内资金流向。联盟链可以实现对数据的有差异开放，让不同用户在读取区块链内数据上有不同权限。但正如第一部分讨论的，区块链内存储的数据毕竟有限，区块链在数据控制上的直接作用也是有限的。比如，"区块链+政务数据共享"类项目中，政务数据存放在本地设备上（一般是政府部门内部的保密网络），跨政府部门的数据调用仍通过传统方法进行，原始数据不可能在区块链上流通，但区块链会记录数据申请、授权、调用和访问等记录，做到不可抵赖，主要为事后审计留痕。

在各种数据控制技术中，与区块链关系最大的是密码学技术，包括可验证计算、同态加密和安全多方计算等。对复杂的计算任务，可验证计算会生成一个简短证明。只要验证这个简短证明，就能判断计算任务是否被准确执行，不需要重复执行计算任务。在同态加密和安全多方计算下，对外提供数据时，采取密文而非明文形式。这些密码学技术使得"数据可用不可见"，但因为对计算资源的要求很高，只能在区块链外进行。

在各种数据控制技术中，最容易与区块链混淆的是支付标记化，在此也做简单说明。支付标记化的英文是 Tokenization[1]，指用特定的支付标记（英文是 Payment Token）替代银行卡号和非银行支付机构支付账户等支付要素，并对标记的应用范围加以限定，降低在商户和受理机构侧发生银行账户和支付账户信息泄露的风险，减少交易欺诈，保障用户交易安全。支付标记与银行账户、支付账户之间有映射关系，这个映射关系由标记服务提供方通过支付标记化和去标记化两个过程来管理。支付标记化是数字支

---

[1]　Tokenization 与加密（Encryption）有一定联系，但也有很大区别，参见网址：https：//www.mcafee.com/enterprise/en-hk/security-awareness/cloud/tokenization-vs-encryption.html。

付的基础核心要素。比如，在移动支付中，用户使用 Token 号作为存储在手机等移动设备中的设备卡号，可以在线下 POS 机、ATM 机等终端机上用移动设备做非接触式近场支付，也可以在手机客户端中直接发起远程支付。目前，银联手机闪付和在线支付产品已全面应用支付标记化技术。从以上介绍可以看出，支付标记化中的 Token 是代表银行账户和支付账户等敏感信息，有规范地编制标准，不依赖于复杂的密码学技术；区块链内的 Token 在央行数字货币和稳定币等应用中代表法定货币储备资产，但 Token 本身是区块链技术的产物。

（二）数据要素市场的组织形式

数据要素因为类型和特征多样，缺乏客观的估值标准，并且在很多场合不会采取买断式交易模式，所以数据要素市场不会像股票市场那样，成为一个集中化、流动性好的交易市场，这从过去几年多省份对大数据交易中心或大数据交易所的试验中可以得到验证，这些试验都没有取得预期的成功。这尽管有政策支持力度不够和配套技术跟不上等原因，但更重要的原因是：数据要素的经济学属性不支持标准化程度高、竞价撮合和成交活跃的交易模式。

在大图景上，数据要素市场更接近债券市场和场外衍生品市场这样的场外市场，标准化程度较低，点对点交易并协商定价，成交频率低但会一直发生。但这并不意味着最终的数据提供者（比如个人和物联网设备）和最终的数据需求者（比如 AI 算法公司）会直接进场交易。数据要素市场会演变出一些"中介机构"，通过聚合、加工并集中管理数据，让数据更好地从最终的提供者流向最终的需求者。比如，数据银行从数据提供者处聚合数据，加工成数据产品对外提供，再自主与数据需求者交易，并将部分收益返还给数据提供者。再比如，数据信托保管多个委托人收集并持有的数据，按委托人事先确定的目标使用和分享数据，以释放数据中蕴含的价值。

因此，数据要素市场在整体架构上将是分布式的，但会有一些数据银行、数据信托等"中介机构"作为核心节点。对区块链在数据要素市场组织形式这个环节的应用，要在这个大框架分析。

第一，数据银行、数据信托等"中介机构"的主要功能是数据收集、验证、存储和分析。对这些"中介机构"如何使用区块链，第二部分、第三部分已有分析。需要补充说明的是，区块链可以用来改进数据发布环节。比如，2018 年姚前在央行数字货币原型系统中①，提出将区块链应用于央行数字货币确权登记。他的设想是，由中央银行和商业银行构建央行数字货币分布式确权账本，提供可供外部通过互联网进行确权查询的网站，实现央行数字货币的网上验钞机功能。这是利用区块链不可篡改、不可伪造的特性提高确权查询的数据和系统安全性。

第二，如前文所述，现实世界中大部分数据不会通过区块链存储和流转，但区块链可以记录数据的授权、调用和访问等活动，这类似于区块链在供应链管理和商品溯源等场景的应用。这个应用方向有价值，但创新意义不是很强。首先，数据分析和使用会产生新数据，使得对数据流通的溯源意义不大。其次，如果要从数据保密和防泄露的角度跟踪追溯数据流通，分析 TCP/IP 数据包是比区块链更直接、有效的方法。

第三，区块链作为数据要素市场的组织工具，这就是前面引入的分布式数据经济体概念：一是分布式数据经济体的基础是数据确权，体现为数据提供者能有效控制数据需求者对数据的使用。二是分布式数据经济体是一个丰富的数据生态。不同参与者在数据、算法（数据分析方法）和算力等方面互通有无。这本质上是通过市场机制进行大规模协同计算，在保护数据产权的情况下实现数据要素的有效配置，以促进经济发展和增进社会福利。三是区块链记录下分布式数据经济体中的经济活动，但不是为了存

---

① 姚前：《中央银行数字货币原型系统实验研究》，《软件学报》2018 年第 9 期。

证和溯源，而是为了对经济活动进行核算。四是在分布式数据经济体中，交易媒介采用央行数字货币或稳定币。原因在于，分布式数据经济体的一些参与者可以是非人格化的，比如物联网设备作为数据提供者，AI 算法作为数据需求者。央行数字货币和稳定币能兼容分布式数据经济体的这种开放性，并且能保障支付的安全和高效。

分布式数据经济体有很多有意思的应用场景。在"区块链+物联网"中，物联网设备 ID 绑定数字货币钱包地址，物联网中的数据存储、传输和挖掘以及价值交互就能以可信方式进行，物联网中与数据有关的经济活动通过央行数字货币或稳定币来核算。可以设想，当一个物联网设备持续提供高质量数据后，将收获更多央行数字货币或稳定币作为"酬劳"（实际上归属于物联网设备的所有者）。这种经济激励将显著促进物联网数据的收集和使用。

这个方向有助于实现肖风博士提出的分布式认知工业互联网[①]。分布式认知工业互联网采取分布式的治理架构，所有企业都可以放心加入，采取基于知识图谱的认知智能技术以及基于隐私计算的数据协同，同时采取基于全生命周期管理的制造和服务的融合。

总的来说，区块链对建设数据要素市场有重要意义。但因为数据要素市场本身处于发展早期，在很多核心问题上尚无定论，这使得关于区块链在数据要素市场中应用讨论很难深入。本书采取"化整为零"方法，讨论区块链在数据价值链的不同环节能发挥的作用。

第一，数据记录和获取环节。区块链作为关于 Token 的分布式账本，不能当作一个有一般用途的数据库来用。与 Token 及其交易有关的数据，原生于区块链并被区块链记录下来，是区块链内"价值含量"最高的数据。但在现实世界的海量数据中，能以原始数据形式上链的比例几乎可以忽略，大部分数据只能以哈希摘要形式写入区块链，哈希摘要上链有存证

[①]　参见网址：https://www.chainnews.com/articles/636789905948.htm。

和为原始数据增信的作用。"区块链+物联网"对物联网数据的管理，效率高且人为干预少，为理解区块链在数据记录和获取环节的应用提供了基准。其他数据是否值得上链，则要仔细平衡成本和收益。

第二，数据收集、验证、存储和分析环节。区块链在这些环节能直接发挥的作用有限。但如果这些环节通过由不同机构组成的市场分工网络进行，那么就可以构建在区块链上，成为分布式数据经济体。

第三，数据确权环节。数据确权是数据要素配置的基础，数据要素确权是法律和技术共同作用下的产物，通过区块链为数据存证不等于数据确权。在实践中，数据确权主要体现为数据提供者能有效控制数据需求者对数据的使用。在这个意义上，区块链（特别是公链）不是隐私管理技术，联盟链可以做到对数据的有差异开放，让不同用户在读取区块链内数据上有不同权限，但区块链内存储的数据有限，区块链在数据控制上的直接作用也有限。可验证计算、同态加密和安全多方计算等密码学技术使得数据"可用不可见"，但因为对计算资源的要求很高，只能在区块链外进行。

第四，数据要素的配置环节。数据要素市场在整体架构上将是分布式的，但会有一些数据银行、数据信托等"中介机构"作为核心节点。区块链不可篡改、不可伪造的特性有助于改进数据发布环节。区块链可以记录数据的授权、调用和访问等活动，有一定价值但创新意义有限。区块链的创新价值主要体现为分布式数据经济体，本质上是通过市场机制进行大规模协同计算，在保护数据产权的情况下实现数据要素的有效配置。分布式数据经济体有助于实现分布式认知工业互联网。

第十九章 "区块链+物联网"与新基建

根据国家发展和改革委员会对"新基建"的界定，区块链属于新技术基础设施，物联网属于通信网络基础设施。同属于"新基建"的代表，区块链与物联网之间可能擦出什么样的火花，需要哪些软硬件支持？这是本章要讨论的问题。

一、"区块链+物联网"的核心问题

区块链兼有信息互联网和价值互联网的功能，对应着区块链的两类应用方向，并与物联网有很多结合点。

区块链应用于供应链管理、防伪溯源、精准扶贫、医疗健康、食品安全、公益和社会救助等场景，主要体现区块链作为信息互联网的功能，是用共享账本来记录区块链外商品、药品、食品和资金等的流向，让上下游、不同环节相互校验，穿透信息"孤岛"，让全流程可管理。如果区块链外信息在源头和写入环节不能保证真实准确，写入区块链内只意味着信息不可篡改，没有提升信息的真实准确性。因此，这个应用方向要解决的核心问题是如何让链外信息保真上链。

区块链作为价值互联网，涉及资产和风险的转移。价值来自现实世界的资产，并通过经济机制与区块链内 Token 挂钩。区块链发挥金融基础设施功能，优点是交易即结算，清算自动化、智能化。随着央行数字货币和稳定币的发展，区块链作为价值互联网的应用场景将越来越丰富。

"区块链+物联网"需要讨论以下核心问题：第一，物联网设备产生的数据如何上链？如何保障这些数据在源头和上链环节的真实准确性？第二，"区块链+物联网"中的数据分析方法和应用场景。第三，物联网设备能否参与数字货币交易并调用区块链内智能合约？

二、"区块链+物联网"的可行性

物联网设备不断从周边获取地理位置、温湿度、速度和高度等数据。物联网数据源头失真，在端侧主要有两类攻击手段：第一类是窃取设备实物，篡改其内外部连接，令其收集错误数据并误当成正确数据并上传（指上传到云上或区块链上，下同）。第二类是窃取设备秘钥，破解通信和认证机制，在逻辑上冒充实际存在的设备，或者伪造实际不存在的设备，并上传伪造的数据。

相应地，有两类抗攻击方法：第一类是物理安全，如采取防拆卸的外壳和安装措施，一拆即自毁或告警。第二类是通过安全元件（SE）和可信执行环境（TEE）等技术，对秘钥等敏感信息进行妥善保护，特别是使每个设备的密钥都不一样，即使破解了一个设备，也无助于破解另一个设备。从目前实际部署的物联网设备看，涉及金融领域或国家有强制规范的设备的安全防护等级较高，消费类设备的安全防护较为有限，但也不是普通人能轻易破解的。因此，物联网数据在源头的真实准确性有相当程度的保障。

物联网设备，只要安装无线通信模组，就可以实现无线通信，成为无线物联网设备。所谓无线通信模组，本质上将无线通信的主芯片，以及外围的射频、电源和屏蔽罩等器件，焊在印刷电路板上。物联网设备有两种整合无线通信模组的方式：第一种是MCU（微控制器或上位机）设计。整个物联网设备以MCU为中心，无线通信模组仅仅作为MCU的通信通道。第二种是"Open CPU"设计。无线通信模组向物联网设备开放必要的软件接口，便于后者的业务处理软件在前者的处理器中运行。

不管是 MCU 设计，还是"Open CPU"设计，物联网设备的计算、存储和网络连接等能力，随软件和硬件的不同，会有较大差异。

第一，大多数物联网设备能够运行哈希算法和公私钥签名运算等区块链计算。目前，无线通信模组的处理器以 ARM 为主，RISC-V 正在快速发展。处理器从单核几十 MHz 到八核 2 GHz 甚至带 GPU 的都有。

第二，物联网设备厂商根据具体应用场景，选择不同器件，实现不同的网络连接能力，从偶发性传输少量数据的，到持续高速传输数据的都有。比如，车载 T-BOX（Telematics BOX）一般使用中等性能的 MCU，或者 Cat.4 或 Cat.1 的 4G 模组，不会使用 GPU。即使没有区块链，物联网数据仍然是要上云的，上链增加的流量，一般远小于上云的数据本身。而且因为区块链容量限制，物联网数据在很多场合是哈希摘要而非原始数据上链，上链增加的流量更小。

第三，无线通信模组的行为是预先编程的，基本是确定性行为。只要模组软件设计成根据特定触发条件自动发起链上交易，物联网设备就能够参与数字货币交易并调用区块链内智能合约。比如，无人驾驶出租车自动找充电桩充电场景。无人驾驶出租车找到充电桩后，通过充电插头上的数据线进行信息交互。无人驾驶出租车先跟充电桩说要充 A 度电，充电桩反馈说需要向其地址×××支付 B 个数字货币。无人驾驶出租车以充电桩的这个支付要求为触发条件，发起 B 个数字货币的转账交易，然后把交易凭证（如转账交易的哈希摘要）发给充电桩，充电桩去链上查询是否到账，如果到账就给无人驾驶出租车充电。以上都可以通过编程来实现。

第四，不同物联网设备的存储能力差异很大，从几十 KB 到几十 GB 的都有。取决于存储性能，一些物联网数据可以保存在物联网设备上，一些物联网数据可以上传到云上。在数据上链上，少量结构化数据可以直接写入区块链，大部分数据是以哈希摘要的形式上链。在对物联网数据的分析上，因为区块链上计算性能限制，复杂分析一般不通过区块链内智能合约进行，主要还是在链下进行。首先是云端，特别是分析算法复杂，并且数据上传和数据分析之间异步进行或时间差较大时。其次是边缘计算。物联网设备端侧采集数据后，采用近场或其他本地通信方式，把数据传输到边缘，边缘再将分析后的信息上云。最后如果数据不离开物联网设备本地，一般是结合联邦学习或多方安全计算，实现数据不出去，而信息可控出去。在这些数据分析场景中，区块链主要只是提供一个接口，供查询链上数据（即原始数据或分析结果的哈希摘要）。

综合以上分析，大部分物联网设备能够运行哈希算法和公私钥签名运算。物联网数据主要存放在云上和物联网设备本地，少量结构化数据可以直接写入区块链，大部分数据是以哈希摘要的形式上链。物联网设备的安全防护措施能在相当程度上保障数据源头的真实准确性。数据自动上链，减少了人为干预，有助于保障数据在上链环节的真实准确性。上下游、不同环节的物联网数据上链，通过相互校验，也能在一定程度上保障数据上链的真实准确性。对物联网数据的分析，主要在链下进行，包括云上、边缘和物联网设备本地等渠道。区块链主要只是提供一个借口，供查询链上数据。只要针对应用场景做好可编程设计，物联网设备就能够参与数字货币交易并调用区块链内智能合约。

"区块链+物联网"的结合的一个基础要求是，通过模组或更复杂的芯片技术对物联网设备引入唯一 ID，即数字身份（公私钥），在硬件底层实现，不可篡改。物联网设备的 ID 广泛应用在物联网数据记录、上云、上链以及数字货币交易等方面。这样，物联网中的数据存储、传输和挖掘以及价值交互就能以可信的方式进行。区块链作为分布式信任基础设施的功能主要体现在两个方面：第一，提高物联网数据的安全可信，这适用于存在云上和物联网设备本地的数据，以及少量写入区块链的数据。第二，为物联网设备之间的数字货币交易提供基础设施。

三、"区块链+物联网"底层创新

2019年12月，海尔衣联网与杭州趣链科技有限公司联合成立的甘道智能，发布了物联网+区块链通信模组——"物链1号"。"物链1号"具备源头可信数据采集上链、物联网设备数字身份验证、设备数据隐私保护、数据存证和数据溯源等功能。

2020年5月，紫光展锐（上海）科技有限公司（以下简称紫光展锐）与上海万向区块链股份公司、深圳市摩联科技有限公司、深圳市广和通无线股份有限公司（以下简称广和通）联合推出了基于"物联网芯片+区块链"的底层可信数字化解决方案（见图19-1）。这一方案围绕紫光展锐的Cat. 1芯片产品——春藤8910DM和摩联科技自主研发的承载在蜂窝物联网平台上的区块链应用框架BoAT（Blockchain of AI Things）而展开。BoAT支持物联网设备的可信数据上链。BoAT不仅可以实现设备链上标识生成和数据上链，还支持利用蜂窝物联网平台安全能力和根信任，实现设备链上链下的数据关联验证和确权，并在物联网机器支付、物联网设备管理和物联网资产使用权管理这三个场景中做了应用试验。春藤8910DM成为全球首款支持区块链技术的Cat. 1 bis物联网芯片平台，基于春藤8910DM的物联网设备具备访问区块链和调用智能合约的能力，确保在数据上传到云的同时将数据特征值上链（主要是哈希摘要上链），实现"链上—云上"数据可信对应。广和通在该方案的基础上，推出了全球首款Cat. 1区块链模组L610，将在智慧农业、车联网等行业中创新商业新模式①。

2020年7月，阿里巴巴下属芯片公司平头哥半导体有限公司（以下简称平头哥）推出全链路智能合约处理器，为日前蚂蚁集团发布的蚂蚁链一

---

① 2019年12月，国内主流的九家蜂窝模组厂商（移远、广和通、有方、美格、高新兴、芯讯通、移柯、域格、利尔达）共同发起区块链模组联盟。

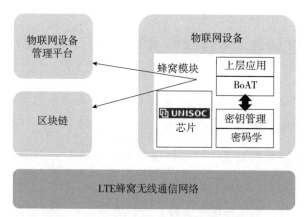

图 19-1 集成区块链协议的物联网芯片

体机提供安全高效算力。这是平头哥面向区块链场景的首个商用芯片方案。

总的来说，"区块链+物联网"将在新基建中发挥重要作用。在不久的未来，物联网设备数量将远超移动互联网设备数量。物联网设备之间将发生丰富的经济活动。通过在物联网中引入央行数字货币和稳定币作为机器间支付工具，有助于实现机器经济应用场景。物联网数据将远超互联网数据，将成为数据要素市场的重要组成部分。"区块链+物联网"对物联网数据提供的安全可信性，将为物联网数据的分析和利用打下坚实基础。

"区块链+物联网"的意义将远不限于存证和溯源。人类社会数字化迁徙的每一次进步，都将带来新的产业变革和商业机会。电商、社交媒体等的发展，使人们在消费和社交等场合的行为被记录下来，在电子支付和 AI 等技术的加持下催生出金融科技浪潮。"区块链+物联网"带来的变革，将不亚于此。

第二十章　区块链与机器间大规模协作

阿里巴巴达摩院在《2020 十大科技趋势》中将"机器间大规模协作成为可能"列为第四大趋势。达摩院认为，物联网协同感知技术、5G 通信技术的发展将实现多个智能体之间的协同，机器会彼此合作、相互竞争，共同完成目标任务，而多个智能体协同带来的群体智能将进一步放大智能系统的价值。

达摩院强调智能设备网络中信息共享、统一控制的作用。我们觉得需要讨论以下前沿问题：第一，这是不是机器间大规模协作的唯一机制，有没有其他机制？第二，区块链作为分布式协作网络，与机器间大规模协作有无交集？

一、人类社会的大规模协作机制

要理解机器间大规模协作，最好将它和人与人之间大规模协作相对比。大规模协作是人类社会最重要的特征之一，没有大规模协作，人类文明不可能发展到今天。

人类社会的大规模协作机制可以分成两类。第一类是中心化的，以自上而下的命令链条、自下而上的反馈机制以及多级委托代理关系为核心特征。典型代表是行政机构、企业组织和军事单位等。第二类是去中心化的，以市场机制为代表。市场机制中不存在中央计划或统一协调，每个参与者在为各自利益工作的同时，通过劳动分工、市场交换来增进群体利益。本书主要讨论的是市场机制。

在市场机制中，人与人之间的协作在维度上进行，并且这两个维度之间不可切割。第一个是信息维度。比如，银行向企业放贷前，需要评估企业信用资质，有两种评估方法：一是分析企业的财务报表，对企业信用进行打分。人工智能和大数据分析兴起后，企业的很多非结构化信息也能被分析。二是利用市场价格，从企业的股票价格、债券收益率和信用违约互换（CDS）价差中倒推出其信用风险高低。在各类市场中，参与者根据自己掌握的信息交易资产，看好的人会买入，不看好的人会卖出，交易形成的资产价格综合了不同人所掌握的信息。在很多场合，市场价格的信息揭示功能不可能被人工智能和大数据分析所替代。哈耶克在《通向奴役之路》中指出："价格是唯一一种能使经济决策者们通过隐性知识和分散知识互相沟通的方式，如此一来才能解决经济计算问题。"

第二个是价值维度。在市场机制中，参与者根据市场价格信号来决定如何配置资源。比如，消费者根据商品和服务的价格，决定怎么花自己的钱，以最大化自己福利；企业根据生产要素和产品的价格，决定生产什么、生产多少，以最大化自己利润。在现代社会，市场机制无处不在。我们每时每刻都置身在各类市场中，不断生产价值，不断交换价格，使有限资源得到最大化利用。亚当·斯密在《国富论》中形象而深刻地揭示了市场机制的作用："我们每天所需的食物和饮料，不是出自屠户、酿酒商或面包师的恩惠，而是出于他们自利的打算。每个使用资本和劳动的个人，既不打算促进公共利益，也不知道他自己是在什么程度上促进那种利益。他受一只'看不见的手'的指导，去尽力达到一个并非他本意想要达到的目的。通过追逐自己的利益，他经常促进了社会利益。"

二、能否在机器网络中引入市场机制

刚才讲到，人类社会有两类大规模协作机制——中心化的和去中心化的。达摩院说的"信息共享、统一控制"就代表了中心化机制。市场机制是去中心化的代表，在信息和价值两个维度上运作，并且市场价格的信息揭示功能不可能被人工智能和大数据分析所替代。问题在于，能否在机器网络中引入市场机制？

这个问题涉及机器与人之间的关系。不同学科从不同角度对机器与人之间的关系进行了深入研究。1944 年，薛定谔发表了《生命是什么》，用热力学、量子力学和化学理论来解释生命的本性，很多人熟悉的生物摄取负熵为食之说就源于这本书，这是把人当作机器研究。1955 年，人工智能达特茅斯夏季研究项目提案开宗明义地提出："学习的每个方面，或智能的任何其他特征，在原则上都可以如此精确地描述，以至于可以由机器来模拟。将尝试找到如何使机器使用语言，形成抽象和概念，解决现在为人类保留的各种问题，并改善自己。"这是研究如何让机器像人一样思考。目前实现的主要是以模式识别为代表的弱人工智能，强人工智能尚早。

在机器网络中引入市场机制，本质上是让机器像人一样行为。在未来的通信网络、物联网和智能设备网络中，能否通过区块链，让机器像人一样大规模协作？笔者认为答案是肯定的。有人可能认为这是科幻，甚至是天方夜谭。实则不然，有这么一个原型系统，已经成功运行了 10 年多——比特币网络。

比特币网络没有股东、管理者或监管机构，全世界超过 1 万节点，十多年无故障、不中断运行，近期每天挖矿产出 1620 万美元，每天链上交易平均 35 万笔、71 亿美元。很多人习惯从技术角度来看比特币网络，其实从经济学角度来看比特币网络更有价值。比特币网络中存在复杂的市场经济活动。比如，矿工提供算力，工作业绩体现为 Nonce 并为此获得出块奖励。出块奖励通过 Coinbase 交易打到矿工相关地址。但仅提供存储空间、网络路由或钱包服务的节点没有回报。用户发起交易时，需要提供较高手续费以激励矿工优先处理自己的交易，相当于用手续费来竞拍比特币区块链内有限的系统资源。

很多优秀的经济学家从博弈论、资产定价和网络经济学等角度研究了比特币网络中的经济学问题。我们还知道，比特币所依赖的密码学、分布式网络和分布式计算等底层技术，在中本聪之前就已经发展出来了。很多研究者尝试通过这些技术来构造电子现金，但都没有取得完全的成功，直到中本聪引入博弈论设计才使比特币成为可能。这显示了经济机制的力量：在去中心化环境下，如何防止矿工作恶和保证分布式账本安全，保障网络建设、运行和维护，并实现自我组织和自我治理。技术不能完全解决的问题，加入经济机制产生了很好效果。

如果把比特币网络视为"机器网络+市场机制"的一个原型系统，有哪些可复制、可推广的成功经验？在讨论"机器网络+市场机制"前，有必要将机器网络表达成经济学问题。本书讨论的机器网络，主要包括通信网络（比如5G）、物联网（IoT）、智能设备网络，以及区块链网络等。

这些机器网络有以下特征：第一，结构有中心化（如"服务器—终端"）和点对点之分。第二，不同类型的节点承担不同角色，如提供数据、算力、存储和带宽等，并有分工协作关系。第三，在比特币网络之前，机器网络基本是一个物理问题，与经济学无关。与人的行为相比，机器行为更能用函数刻画，输入变量是控制参数和环境参数，输出变量是机器的行为，函数设定则由机器设计决定。

机器网络在建设、运行和维护中的一个特殊问题是，一些机器网络属于基础设施，而基础设施难以直接向使用者收费，有自愿或无偿性质。典型代表是通信网络。这在经济学上属于公共产品的供给问题。如果作为基础设施的机器网络完全由私人部门提供，会存在供给不足的问题。现实中有两种解决方式：一是政府使用财税收入，投资建设网络基础设施，并作为公共产品对外提供。二是"交叉补贴"，网络基础设施免费，但在上面跑的应用收费。这取决于如何吸引私人部门参与并给予相应激励措施，现实中出现了各种公私合作模式（PPP）。

机器能否成为经济主体？这个问题的核心是机器是否有自己的效用，能否根据经济激励调整自己的行为。在分布式人工智能和经济学的交叉领域，一个主要愿景就是机器经济（Machine Economy）和设备民主（Device Democracy），机器有自己的效用，会通过策略优化实现自身效用最大化，成为所谓的智能体（Agent）。但在这个愿景实现之前，可以认为机器没有自己的效用，激励机器实际上是激励机器背后的控制者。当然，也可以把本书讨论的问题看成机器经济和设备民主的初级版本。

人的行为非常复杂，受各种因素的影响，也有多种不同的建模方式。现代经济学的主流范式基于经济人假设，本质上是用机器近似人的决策和行为，这又回到前面讨论的机器与人之间的关系。在这个范式下，每个人都有一套价值观，价值观决定了他的偏好，如喜欢橘子还是苹果。偏好用效用函数来定量刻画，效用函数要体现边际效用递减和风险偏好等特征。经济人的目标是在各种约束条件下最大化个人效用。比如，消费者面临的问题是，在预算约束下，选择消费组合，以最大化效用。企业面临的问题是，给定收入目标，最小化成本，或者给定成本目标，最大化收入。总之，不管是消费者还是企业的问题，都可以用优化问题来描述，而且优化问题有两大要素——目标函数和约束条件。

需要说明的是，经济人假设是人在理想情况下的行为的近似。现实中，行为经济学研究表明，个人决策很难杜绝非理性，行为往往偏离经济人假设。

三、"机器网络+区块链"的经济学

"机器网络+市场机制"离不开区块链。前文已讨论，市场机制在信息和价值两个维度上运作。区块链兼有信息互联网和价值互联网的属性，可以在市场机制的两个维度上发挥作用。

区块链作为信息互联网，是用公共账本来记录商品、药品、食品和资金等的流向，让上下游、不同环节相互校验，穿透信息"孤岛"，让全流程可管理，但不涉及资产或风险转移。区块链作为价值互联网，涉及资产和风险的转移。但区块链本身不创造价值，价值来自现实世界的资产，并通过经济机制与区块链内 Token 挂钩。区块链发挥基础设施功能，体现在交易即结算，清算自动化、智能化。

"机器网络+市场机制"的核心是"机器网络+区块链"的经济学。在方法论上，要穿透机器网络到背后控制者，并使用"两步法"。

第一步：经济活动发生在机器网络上，要从生产、消费、市场交易和分工等视角，提炼机器网络中的经济活动和参与者。

第二步：讨论这些经济活动如何用区块链支撑，包括以下方面：

第一，区块链记录经济活动。这个方面用到区块链作为信息互联网的功能。难点在于如何让链外信息保真"上链"，把区块链外的经济活动和价值流转以高度可信的方式记录下来。比如，"区块链+供应链"管理就需要有安全高效的传感设备把链外信息可信地写入区块链。这个问题尚无完美解决方案，是目前区块链应用的核心障碍之一，并且不完全是一个技术问题，也离不开相关制度安排。

第二，区块链为经济活动提供支付和激励工具。这个方面用到区块链作为价值互联网的功能，有两个核心的经济学问题：一是机器间支付工具，二是机器网络的经济学模型设计。接下来会重点讨论。

第三，区块链内 Token/智能合约的状态变化触发机器行为。这个方面涉及区块链内状态向现实世界的传导问题。

"机器网络+区块链"有三个重要的经济学问题。第一个是机器如何成为可考核的经济主体，因为经济激励的前提是准确计量机器的贡献。准确衡量贡献包括以下三个方面：一是每个机器必须具备唯一身份标识，不能被伪造或修改（"我"只有一个）；二是机器的行为过程具备可追溯性，不可抵赖（"我"做了什么都有记录）；三是机器身份和行为的真实性，可以通过算法实现自证，不需要人工或者机构参与验证（"我"是我的证明）。只有具备以上特征的机器网络中的机器，其做出的行为和产生的贡献才具备衡量意义，才能作为可考核的经济主体，或者称为"机器经济人"。为此，需要做四个方面的工作。一是通过模组、芯片等技术，对机器引入唯一ID，即机器的数字身份（公私钥），在硬件底层实现，不可篡改。这类似个人特征（如人脸/指纹等）不可修改，对应每个人的身份。二是机器网络引入新的寻址机制，以机器公钥的哈希作为寻址要素，代替IP地址，实现地址和标识的唯一性。比如，分布式哈希表（Distributed Hash Table，DHT）算法根据哈希地址的值，计算自己的周边相邻节点，通过相邻节点的相邻节点不断寻找，最终找到目标。这类似个人特征，给你取个名字，用这个名字来找到你（寻址）。三是自我证明，机器的任何活动行为，都将带有该机器身份的签名，通过公私钥和加密机制，实现机器身份和行为的自证，而不需要人工和中心化机构的参与。这类似你的每个行为，都要按指纹并画押确认，确保你做的事情不可抵赖，同时通过指纹也可以确认你是你，不需要找人开证明（自证）。四是交互即记账，机器网络不再是以无特征的信息包作为主体，任何行为都是交易和参与经济活动的一部分，通过区块链实现交易记账，为后续的交叉验证、行为追溯和贡献统计提供基础。这类似把你做的每件事情，都记录在账本上。

　　第二个是机器间支付工具。机器间支付可以通过金融账户（包括银行存款账户和支付机构账户），也可以通过区块链内Token。在机器网络中节点数量很大时，通过金融账户支付的效率可能赶不上机器间交互的效率。此外，金融账户的前置审批要求很难兼容机器网络的开放性。通过区块链内Token支付，本质上是让区块链成为机器网络中的价值结算协议，这方面需要正视货币的网络效应与货币错配问题。机器网络也存在于一个由法定货币主导的世界。比如，比特币网络的资本支出（主要是矿机研发和购置费用等）和运营支出（主要是电费和人员薪酬等）都以法定货币计价。法定货币有很强的网络效应。如果机器网络使用不与法定货币挂钩的Token作为支付工具，就会有货币错配问题。比如，比特币矿工就需承担比特币对美元的价格波动风险。从经济机制设计的角度，应该给机器以价值稳定的激励，使机器网络中的经济活动不受支付工具价值波动的干扰。在央行数字货币和全球稳定币（以Libra为代表）提供了合适的机器间支付工具，是在机器网络中引入金融活动的基础。反过来，机器网络中巨量的节点，以及节点之间丰富的经济交互，也为央行数字货币和全球稳定币应用推广提供了很好的场景。在这个环节，需要机器的央行数字货币/全球稳定币的钱包地址与机器ID之间建立起映射关系。

第三个是机器网络的经济学模型设计。尽管单个机器有控制者或所有者，但机器网络作为一个网络没有所有者，有很强的公共产品属性。任何网络在发展早期都是小规模，网络效应很小，新加入者切换过来需要付出成本并承担早期风险。如何激励新加入者，让他们与网络进一步发展是需要考虑的。这方面要引入分布式经济模型和价值浮动的Token，通过可编程性设计，确保Token能有效地从机器网络中的经济活动捕获价值。只有这样，机器网络才会有内生的增长力量。

"机器网络+区块链"会产生很大的经济价值。第一，为机器网络的建设者、运营者和维护者提供新的收入来源。特别是实现公平有效的经济模型——凡是对网络做出贡献的机器节点，都应该受到奖励。第二，为网络基础设施建设发展出新的融资方式。第三，真正地将区块链带入"万物互联"的广阔应用场景。对这些将出现的新的经济形态，我们要有充分的想象力。

总的来说，在机器网络中引入市场机制，可以实现一个去中心化的、以价值交换为基础的机器间大规模协作机制，让机器像人一样大规模协作。比特币网络是"机器网络+市场机制"的一个原型系统。"机器网络+市场机制"的核心是"机器网络+区块链"的经济学。笔者讨论了如何通过"两步法"将机器网络表达成经济学问题，以及三个重要的经济学问题：机器 ID 与区块链内地址的结合、机器间支付工具、机器网络的经济学模型设计。这些问题对理解将来的机器经济和设备民主也非常重要。

区块链与机器间大规模协作会产生很大的经济价值，为网络基础设施建设发展出新的融资方式，将区块链带入"万物互联"的广阔应用场景。肖风博士指出，区块链方便我们用智能合约来对大规模协作进行自动化的价值计量、价值分配、价值存储、价值结算，使得跨界的、公共事务的大规模协作成为可行、可信的，并变得高效。区块链与机器间大规模协作将是这方面的一个重要问题。

第四篇

金融创新：区块链与数字货币

本章讨论区块链在金融领域的应用，主要是稳定币和央行数字货币（第二章已讨论区块链在证券领域的应用）。放眼全球，这是区块链最受关注的应用方向。

2019 年 6 月，Facebook 公司发起 Libra 联盟并发布 Libra 1.0 白皮书，宣称要建设为数十亿人服务的金融基础设施。Libra 项目让稳定币进入大众视野。在设计方案上，稳定币主要分为法定货币储备支持型和风险资产超额抵押型两类，并以前一类型为主。稳定币产生了一系列新的监管问题，金融稳定理事会、国际清算银行和国际货币基金等国际组织以及欧美国家的中央银行对相关问题开展了深入研究，并促成 Libra 项目的调整，这集中体现在 2020 年 4 月发布的 Libra 2.0 白皮书中。Libra 2.0 对合规非常重视，制定了全面合规框架，详细规定了生态中所有参与者的合规要求。Libra 2.0 还放弃未来从联盟链向公链过渡的计划，转而采用开放的竞争性网络，为区块链应用的技术路线选择提供了有益借鉴。

以 Libra 为代表的稳定币的发展，在一定程度上促进了央行数字货币的研究、试验和开发。国际清算银行对全球 66 家中央银行（对应全球 75% 的人口和 90% 的经济产出）的调研发现，15% 的中央银行在研究批发型央行数字货币，32% 的中央银行在研究零售型央行数字货币，近一半的中央银行在同时研究批发型和零售型央行数字货币。中国人民银行的数字人民币，属于零售型央行数字货币，并在这个方向处于全球领先位置。欧央行和日本银行的 Stella 项目，以及新加坡金管局的 Ubin 项目，则是批发型央行数字货币的代表。美国的几家民间机构发起数字美元项目，为美国的央行数字货币提供研究建议。

中国人民银行对数字人民币有清晰的战略谋划，数字人民币的生态格局已逐渐明晰。我们讨论了数字人民币的货币经济学属性、技术属性，批发和零售环节的制度安排和主要参与机构，以及若干需要进一步研究的问题。总的来说，数字人民币将对我国货币和支付领域产生深远影响，有助于提高老百姓对人民币的信心，提升人民币的国际地位。

客观地说，数字美元研究项目，在技术方案、发行机制、隐私保护以及应用场景等方面，与数字人民币有很多相似之处。美国因美元的特殊地位，在央行数字货币上采取"后发者"站位，主要致力于加强美元支付结算基础设施和以 SWIFT 为代表的国际金融基础设施，并通过监管以 Libra 为代表的全球稳定币，确保它们增加而非削弱美元的国际地位。但不管怎么说，美国在央行数字货币方面的行动值得密切关注。

Stella 项目和 Ubin 项目，尽管在主导机构、参与机构、技术平台和应用场景等方面有明显差异，但在试验路线和核心结论上则是相通的。第一，区块链可以用于批发支付系统，能够以去中心化方式（即通过智能合约）实现流动性节约机制。第二，批发型央行数字货币能支持证券上链后交易，并且可以实现单账本券款对付，但跨账本券款对付依靠的哈希时间锁合约有一定缺陷。第三，批发型央行数字货币能支持同步跨境转账，中间人模式是主流的跨链方案。

随着以 Stella 项目和 Ubin 项目为代表的批发型央行数字货币项目逐渐完成试验，零售型央行数字货币因其涉及的复杂的货币和金融问题，将成为研究热点。2020 年，国际清算银行联合七家中央银行（美联储、欧央行、英格兰银行、瑞士国家银行、瑞典央行、日本央行和加拿大银行）已开展系列研究。

第二十一章　稳定币：设计与监管

稳定币是基于区块链的支付工具，旨在实现加密资产价格稳定性。有些稳定币利用法定货币作为抵押资产，有些则使用风险资产进行超额抵押，还有一些尝试使用算法来实现价格稳定性。稳定币为加密资产生态提供了价值衡量及存储的方法，但如何突破加密资产生态而进入金融系统及支付领域是本章探讨的目标。

本章共分两部分：第一部分介绍稳定币主要设计的类型，第二部分讨论稳定币涉及的监管问题。

一、稳定币主要设计类型

（一）法币储备支持型

法币储备支持型稳定币价值来源于法币储备。用户以法币1：1的比例向稳定币发行商兑换稳定币，稳定币发行商开通银行账户，依靠中心化托管机构托管用户法币池，结构可以看作数字银行存款。稳定币兑换对象可以是原始的发行商，也可以是持有稳定币或法币的第三方。此种稳定币类似布雷顿森林体系（Bretton Woods System）中，美元与黄金挂钩的机制。

法币储备型稳定币目前规模最大、使用最广，为市占率最高的稳定币类型。Tether 发行的 USDT、TrustToken 发行的 TrueUSD、Circle 发行的 US-DCoin 等以及通过美国纽约金融服务局批准的两个稳定币 GUSD 和 PAX 皆为此类稳定币。其中最具代表性的是 USDT。法币储备型稳定币的发行机制见图 21-1。

1. 发行机制

法币储备型稳定币依照发行机制可分为两种，资金服务商模式（Money Service Business）及信托机构模式（Trust Company）。

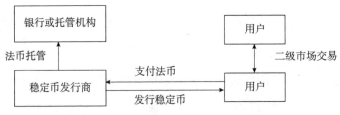

图 21-1　法币储备型稳定币发行机制

（1）信托机构模式。信托机构模式下的稳定币发行商需要获得信托机构牌照，具备资金托管性质。此类稳定币发行商既承担了用户资金托管义务，又是稳定币发行者，受到政府强监管。Gemini 及 Paxos 是目前仅有的获得信托机构牌照的稳定币发行商。除了能够托管数字资产外，也可以托管法币资产、证券及黄金，业务范围较广。合规性是信托机构的一大优势，由纽约金融服务管理局（NYDFS）批准的信托特许为目前监管最高水平，政府拥有冻结账户、审计账户余额的权力。信托机构会为法币储备购买保险，将资金存储在隔离账户之中，资金池所在银行账户受到美国联邦存款 Pass-through 保险所保障，保额为 25 万美元。USDT 母公司 Tether 存在资金状况不透明问题，时常引发监管疑虑，信托机构模式的公开透明性具有其市场竞争性。

（2）资金服务商模式。资金服务商以 MSB 的模式在美国注册，与传统信托机构合作发行稳定币。具体机制如下：用户将美元转账给合作信托机构，合作信托机构向稳定币发行商发送信息，确认购买行为。后由稳定币发行商向用户释放稳定币。在这样的机制下，资金服务商模式只涉及稳定币的发行，无资金托管性质，资金服务商模式受到审计与法律上的严格监管。目前 TUSD 和 USDC 属于此类。

资金服务商模式和托管机构的差异主要有两点：第一，前者并不承担托管资金义务，而是将风险转移到受到更严格监管的银行。后者涉及托管业务。第二，前者业务许可范围受限于数字资产，但是业务拓展灵活性较强，只要业务不涉及证券类数字资产（Security Token），并不需要额外上报监管机构。

2. 稳定机制和经济模型

法币储备型稳定币必须遵循三个规则维持稳定性：第一是发行规则，中心化受信任机构基于抵押法币按 1：1 关系发行稳定。第二是双向兑换规则，中心化受信任机构确保 Token 与抵押法币之间的双向 1：1 兑换。用户给中心化受信任机构 1 单位抵押法币，中心化受信任机构就给用户发行 1 单位稳定币。用户向中心化受信任机构退回 1 单位稳定币，中心化受信任机构就向用户返还 1 单位抵押法币。第三是可信规则，中心化受信任机构必须定期接受第三方审计并充分披露信息，确保作为 Token 发行储备的抵押法币的真实性和充足性。这三个规则的约束下，法币储备型稳定币稳定性可控，核心在于购赎套利：只要具备高流动性的购赎通道，便可以在市场上寻找差价，进行套利。这一类稳定币有同等价值法币背书，用户预期中长期市场价格趋同锚定价格。市场价格一旦偏离合理范围，便有利润空间，可吸引稳定币用户参与市场调节。

法币抵押型稳定币发行商资产负债表的资产方是法币准备金，负债方是稳定币。法定货币准备金的目标是保证在有人赎回稳定币时，能给付法币。如前文分析，100% 的法币准备金是实现稳定币全额兑付最直接、有效的办法。但根据大数定理，稳定币的持有人不可能全部在同一时刻要求兑换成法币。理论上，不需要持有 100% 的法币准备金就能应付大多数时候的稳定币赎回需求。如果允许稳定币价格小幅波动及在极端情况下控制稳定币赎回，应该能降低法币准备金的要求，以更小成本来实现稳定币，但也意味着更大的风险。在这种情况下，除了实际需求场景产生的收益以外，法币抵押型稳定币还有两部分经济收益：铸币税和法定货币准备金管理收益。

首先看铸币税。如果稳定币没有100%的法定货币准备金，多发行的稳定币没有法定货币准备金作为支撑，但也满足了稳定币持有人的需求，相当于"凭空"发行了一部分稳定币。这些稳定币在现实世界中有购买力，就满足了铸币税的概念。USDT属于这种情况，尽管市场上对USDT有很多质疑，但至今没有发生针对USDT的集中、大额赎回（当然，USDT母公司Tether也对赎回进行了各种限制）。假设一段时间内，稳定币供给"凭空"增加了ΔM，当前物价水平为P，稳定币的发行人通过"凭空"发行稳定币，能在市场上购买价值相当于$\Delta M/P$的商品和服务，就是铸币税。[①] 在USDT情景下，可以把P理解成比特币价格。

其次看法定货币准备金管理收益。法定货币准备金除了一部分投资于高流动性的、可以随时变现的资产以外，其余部分可以进行风险较高的投资，从而获得较高收益。因为稳定币发行商不向持有人付利息，准备金管理收益就全部归稳定币发行商所有。

3. 存在风险

（1）信用风险。稳定币的信用风险有两个来源。第一，稳定币发行商的信用风险。这来自稳定币发行商在币价脱锚时的内部纾困能力具有不确定性。铸币税和准备金管理收益可能造成稳定币发行商的道德风险，并最终体现为信用风险。稳定币发行商如果过于追求铸币税和准备金管理收益，无限度提高稳定币金额/法定货币准备金的比率以及法定货币准备金用作高风险投资的比例，就会伤及稳定币的可持续性。当有集中、大额的稳定币赎回时，发行商没法给付法定货币。此外，资产储备不透明、治理

---

① ΔM表示稳定币供给"凭空"增加量，P表示物价水平，$\Delta M/P$表示用"凭空"增加的稳定币可购买的商品和服务数量。

不善是稳定币发行商的风险点之一。第二，中心化托管机构的信用风险。法币托管机构的信用风险受多种因素影响，包含机构所在地监管水平、自身风控能力等因素。举例来说，稳定币发行商所收取的法币均存放于特定银行，而该银行位于存款保险制度不完善的国家。如该银行遭受破产等重大经营危机，稳定币发行商便会面临违约风险。

（2）缺乏清算流动性。在清算量非常大的支付体系，如果央行的准备金难以应对支付所需，央行会通过透支来满足。稳定币发行受资产负债表限制，缺乏灵活性，在清算量较大时可能难以发挥好支付结算功能。

（二）风险资产超额抵押型

此类稳定币通过超额抵押风险资产发行，大多 1∶1 锚定美元。目前用于抵押的风险资产多为加密资产。风险资产价格波动率高，价格大跌时无法支撑稳定币的价值，因此超额抵押是必须的。大部分风险资产超额抵押型稳定币利用调节担保比率及清算阈值来稳定币价。Dai、Havven、BitUSD 都属于这类。

1. 发行机制

风险资产超额抵押型稳定币生态通常有四种角色参与。第一，治理机构。治理机构决定清算阈值、担保比率及手续费，负责调节参数，维持币价稳定。第二，稳定者（Keeper）。稳定者受经济激励驱动，在清算抵押物时，参与债务及抵押物的拍卖。稳定者另一个功能是稳定币价。在市场价格与锚定价格脱锚时，稳定者通过买入或出售稳定币让市场价与锚定价趋同。第三，预言机。稳定币发行商需要预言机提供抵押资产的实时价格信息，决定何时进行清算。稳定币发行商也需要实时稳定币市价，判断币价是否脱锚。第四，稳定币用户。在兑换稳定币的过程中，用户需要建立一个抵押仓位，并将抵押物转入仓位。接着，用户根据抵押物的价值大小决定自己需要兑换稳定币的数量，在仓位中的相应数量抵押物被冻结。最后，当用户要赎回抵押资产时，须偿还抵押仓位中的债务及支付手续费。

2. 稳定机制

风险资产超额抵押具有高波动性抵押资产的特性，需要有合适的稳定机制。风险资产超额抵押型稳定币的稳定机制有四种：

（1）套利机制。理论上，锚定价格及市场价格比率为1∶1。当稳定币市场价格低于锚定价格时，用户可以用更低的成本在二级市场收购稳定币，并提前清算抵押仓位，换回抵押物；反之，增加兑换稳定币，并在二级市场出售套利。

但实际上，风险资产超额抵押的套利机制并非像在法币储备型稳定币中有效。以 Dai 为例说明，当 Dai 市场价格升高至 1.01 美元时，套利者会花 1 美元，购买价值 1 美元的 ETH 抵押并产生 Dai。目前 Dai 的担保比率是150%，通过抵押 1 美元的 ETH，套利者获得 0.67 个 Dai。套利者可以将 0.67 个 Dai 以 1% 的利润溢价出售。但是，套利者抵押的 ETH 还锁定在抵押仓位中无法赎回。ETH 属于高波动性资产，在抵押仓位锁定的时间过长，需要承受 ETH 下跌的风险，不利于套利者掌控收益，且套利者需要超额的资金成本（33%）进行抵押套利，更降低了套利的效率。

（2）担保比率及清算阈值。针对风险资产高波动性，稳定币发行商会设定担保比率以及清算阈值。其中，担保比率=抵押物的价值/释出稳定币的价值，通常在120%~250%。这个机制保证了抵押物的价值高于释出稳定币价值。当抵押物价值与稳定币价格比例低于清算阈值时，系统会要求用户补仓。一段时间未补仓，系统会强制清算抵押仓位，由稳定者参与抵押物拍卖。

（3）稳定费。稳定费是 MakerDao 最主要稳定币价的方式，用年百分收益来表示。稳定费的机制如下：用户赎回抵押资产的时候，除了偿还抵押仓位中的债务，还要付一笔稳定费。稳定费由抵押仓位所有者用 MKR 来支付，用作付款的 MKR 将被销毁。理论上，稳定费率提升时，未来退回 Dai 换回 ETH 抵押资产需要支付更高成本（用 MKR 来支付）。理性的投资者会选择不产生 Dai，Dai 供给变少，价格便可能上涨；反之，则 Dai 的供给增多，价格下跌。这便是 MakerDao 维持 Dai 与美元 1:1 锚定的理论基础。CoinmarketCap 数据显示，自 2019 年 2 月以来，Dai 价格一直在 1 美元以下。治理机构发起投票将稳定费率调高，让 Dai 回归锚定价格。从 2019 年 1 月至 2019 年 5 月，MakerDao 一共调高稳定费八次，从 0.5% 调整到 19.5%，涨幅高达 39 倍。因此，调整稳定费率并非有效的价格稳定机制。稳定费率与央行政策利率无法相提并论。央行加息，民众和企业借钱消费、投资的需求会下降，从而降低货币供给，一些短期流动性资金改存成较长期限以获得高利息收入，也会降低货币供给。而通过提高稳定费率的方式来降低 Dai 的供给，不够直接，效果也有待观察，且目前为止，用户持有 Dai 的用途大多为杠杆投资，Dai 的稳定费率调整并不能影响市场供需结构，特别是在 ETH 价格上行期。

（4）全局清算。当市场发生"黑天鹅"事件，抵押物迅速贬值，系统会因为来不及清算抵押物而造成清算机制失灵。因此，风险资产超额抵押型稳定币系统会设置全局清算机制。全局清算者由治理机构指派，有权在特殊情况终止整个系统。当全局清算启动时，系统将会冻结，所有稳定币的抵押仓位都会被系统按市价强制清算，返还抵押物。

3. 可行性及风险

MakerDao 的核心机制是超额抵押 ETH 借出 Dai，有杠杆交易性质。在市场情绪好的时候，用户会利用反复抵押 ETH 并借出 Dai 进行投资，循环放大杠杆。而当 ETH 价格大幅下跌时，会造成担保比率急剧下滑。一旦担保比率低于清算阈值，抵押债仓会发生批量清算，而循环放大的杠杆会成倍扩大违约仓位。抵押债仓清算，意味着作为抵押品的 ETH 被出售，会进一步放大 ETH 价格下跌幅度。

（三）算法型稳定币

算法型稳定币没有抵押资产作为价值支撑，是以智能合约作为核心建构的稳定币系统。算法型稳定币依靠算法创建"算法银行"，平衡市场供需。当市场价格低于锚定价格时，智能合约将一定比例的稳定币回收或是销毁，减少市场供给，促使市场价格回升；当市场价格高于锚定价格时，智能合约发行一定数量的稳定币，扩大市场供给，促使市场价格降低。算法型稳定币优势在于独立性，不受抵押资产价值影响。主要项目有 Basis、Nubit、uFragments 和 Reserve 等。

然而，这些项目虽然有自身稳定机制，但皆发生过大规模币价脱钩事件，且难以恢复。举例来说，NuBits 一共经历了两次币价脱钩。币价下滑使恐慌的稳定币持有者大量抛售 NuBits，进而造成价格崩跌，并且自此无法将币价锚定 1 美元。现在每 NuBits 约为 0.03 美元，历史波动性约为 40%。

从理论上分析，算法稳定币的主要风险是货币政策调控不易，发生大规模市场恐慌时币价容易严重脱钩。在市场价格低于锚定价格时，算法型稳定币会发行贴现债券来回收稳定币。如果市场对稳定币失去信心，债券会很难发出去。即使发行出去，债券发行价相对面值会有很大贴现，降低回收流动性的效果，而且债券到期时，会伴随流动性的净投放，这是算法稳定币难以成立的主要原因。因此，算法稳定币的核心机制是有缺陷的。

二、稳定币涉及的监管问题

稳定币具有许多加密资产的特征，也具有传统金融的属性。稳定币的多元金融属性增加了监管的复杂度。稳定币涉及的监管问题可以分为三个部分：法律实体确立性、金融反洗钱和税收问题。

（一）法律实体确立性

目前，稳定币的法律实体尚未形成定论。稳定币的法律实体确立性建构在用户与稳定币发行商间清楚且完善的合同之上。合同需揭露双方的权利及义务，包括：第一，内部纾困机制是否保证为用户提供充足的流动性。第二，确立稳定币发行商的股权及法律结构。第三，确立稳定币的金融属性及法币池收益的归属。

（二）金融反洗钱

稳定币对洗钱及恐怖融资方面带来新的风险。稳定币去中心化的特性虽然不受个体或群体的控制，但稳定币具备资金传输及接收的性质，符合美国财政部下设金融犯罪执法网络（FinCEN）的货币服务业务（MSB）定义。FATF 也设立了 AML/KYC 的监管新框架，要求稳定币发行商提出 KYC 解决方案。未来如何在合规的领域拓展业务将成为稳定币发行商的课题。

（三）税收

稳定币会对税收监管造成两个挑战。第一，稳定币法律实体尚不确定，因此稳定币交易课税的义务无法确定。举例来说，稳定币在二级市场价格时有波动，用户在购买与赎回稳定币过程中有资本利得，是否该申报资本利得税。而跨辖区的不同税收处理使稳定币的税收处理更加复杂。

第二，稳定币成为避税管道之一。各国司法机构虽然可以管制稳定币发行商金流，但是账户资金流向难以识别。稳定币账户资金的转移涉及赠予税及遗产税。监管机构难以追踪交易的最终受益人（Ultimate Beneficial Owners）进行课税。

第二十二章 从合规角度看 Libra 2.0

2020 年 4 月 16 日，Facebook 发布 Libra 第二版白皮书（Libra 2.0），与第一版白皮书（Libra 1.0）相比，其中的主要变化包括：一是增加单一货币稳定币，如 LibraUSD、LibraEUR、LibraGBP 和 LibraSGD 等，仍保留一篮子货币稳定币 Libra Coin（下文中用 Libra Coins 指代 Libra 生态中所有稳定币，包括单一货币稳定币和一篮子货币稳定币）；二是通过稳健的合规框架提高 Libra 支付系统的安全性，包括反洗钱（AML）、反恐融资（CFT）、制裁合规和防范非法活动等；三是放弃未来向无许可系统过渡的计划，但保留其主要经济特征，并通过市场驱动的、开放的竞争性网络来实现；四是在 Libra 法币储备池的设计中引入强有力的保护措施。

在这四点变化中，第二点和第三点都与合规直接相关，从中可以看出 Libra 2.0 对合规的重视程度非常高。本章主要从合规角度出发，对 Libra 2.0 进行分析和解读。

一、Libra 2.0 做出修改的原因

2019 年 6 月，Facebook 发布 Libra 1.0，随即在全球范围内引起广泛关注。但是，自从项目推出以来，Libra 就一直遭到各方的担忧和质疑，项目推进并不顺利。

2019 年 7 月，美国国会举办听证会，多数议员对 Libra 持反对态度，并提出尖锐质疑。Libra 项目负责人马库斯在美国国会出席听证会时表示，

Libra 协会将与美联储以及其他中央银行合作,确保 Libra 不与主权货币竞争或干预货币政策。此后,扎克伯格也在听证会上强调,只会在监管许可的情况下推出 Libra。

自 2019 年 10 月起,八家最初支持 Libra 的公司,包括 Visa、Mastercard、PayPal、Booking Holdings、eBay、Stripe、Mercado Pago 和沃达丰,相继宣布退出 Libra 协会。而监管压力是这些公司选择退出的重要原因。

欧盟委员会要求 Facebook 回答一系列关于 Libra 的问题,包括反洗钱、反恐融资、对金融稳定和数据隐私的影响等。在 G7 峰会上,七国财长和央行行长们也一致认为,Libra 会影响国际货币体系的运行。法国和德国的财政部长都曾公开表示 Libra 可能会对国家货币主权构成威胁。

且不说那些本国货币不在 Libra 货币篮子的国家,即便是美国和欧盟,对 Libra 1.0 的态度也多是质疑和反对。如果按照最初的设计,Libra 受到的监管阻力会非常大。因此,Libra 2.0 做出修改的主要原因是向监管机构做出妥协,从合规角度尽可能满足监管要求,以使 Libra 得以继续推进。

二、Libra 2.0 的合规框架

Libra 的目标是建立一个既能够遵守适用的法律法规,又可以支持开放性和金融包容性的系统。Libra 协会充分吸取了政府部门、央行和监管机构的反馈意见,并对反洗钱、反恐融资、制裁合规和防范非法活动等标准制定了全面的合规框架。

(一)Libra 生态中的参与者

Libra 生态中的参与者主要包括以下五种:Libra 协会及其附属机构(The Association and its subsidiaries)、协会成员(Association Members)、指

定经销商（Designated Dealers）、虚拟资产服务提供商（Virtual Asset Service Provider，VASP）和非托管钱包用户（Unhosted Wallet Users）。

1. Libra 协会及其附属机构

Libra 协会是一个由多元化的独立成员构成的监管实体，Libra 网络（Libra Networks）是其附属机构。Libra 协会的主要职责包括：负责 Libra 的治理和开发；对协会成员、指定经销商和 VASP 进行尽职调查；控制 Libra Coins 的生成和销毁过程；为 Libra 生态参与者建立合规标准，并实施协议级的合规控制和其他合规控制；运行金融情报职能（Financial Intelligence Function，FIU）以监控 Libra 网络，并标记可疑活动。

2. 协会成员

协会成员可以参与协会治理，但需要定期接受 Libra 协会的尽职调查。协会成员由不同地区和行业的公司、非营利组织、多边组织和学术机构组成。如果想要成为协会成员，申请机构需要满足技术要求和评估准则，并由 Libra 协会进行审查和批准。Libra 在官方网站上介绍了成为节点的要求和准则[①]。目前，Libra 协会共有 23 个成员（见表 22-1）。

表 22-1　Libra 协会成员

领域	数量（个）	成员
支付	1	PayU
技术和交易市场	5	Facebook/Calibra
		Farfetch
		Lyft
		Spotify AB
		Uber Technologies
电信业	1	Iliad

---

① 参见网址：https://libra.org/en-US/association/#the_ members。

续表

领域	数量（个）	成员
区块链行业	5	Anchorage
		Bison Trails
		Coinbase
		Tagomi
		Xapo Holdings Limited
VC	5	Andreessen Horowitz
		Breakthrough Initiatives
		Ribbit Capital
		Thrive Capital
		Union Square Ventures
非营利组织、多边组织和学术机构	5	Creative Destruction Lab
		Kiva
		Mercy CorpsWomen's World Banking
		Heifer International
电商	1	Shopify

3. 指定经销商

指定经销商可以向 Libra 网络购买或出售 Libra Coins，也可以向交易所或场外交易（OTC）交易商购买和出售 Libra Coins，以促进 Libra Coins 的终端用户交易市场。同时，指定经销商需要定期接受 Libra 协会及其附属机构的尽职调查，以确保指定经销商是资金充足且在外汇市场具有专业知识的金融机构。需要指出的是，Libra 网络只会与指定经销商进行交易。

4. 虚拟资产服务提供商

VASP 为 Libra 生态中的用户提供交易、托管和其他金融服务。在绝大多数情况下，VASP 不受交易限额和地址余额的约束，但需要定期接受 Libra 协会及其附属机构的尽职调查。VASP 可以进一步细分为两类。第一类是受管制的 VASP（Regulated VASPs），这类 VASP 必须是在金融行动特别工作组（FATF）成员的司法管辖区中注册或许可成为 VASP，或在

FATF 成员的司法管辖区中进行注册或许可，并被允许根据注册或许可向用户提供虚拟资产服务。第二类是认证的 VASP（Certified VASPs），这类VASP 需要经过 Libra 协会及其附属机构或第三方认证机构的合规认证，认证标准由 Libra 协会及其附属机构制定。

5. 非托管钱包用户

非托管钱包用户是指通过 Libra 网络进行交易或提供服务的其他个人和实体（不属于指定经销商、受管制的 VASP 和获认证的 VASP）。由于非托管钱包用户会带来额外的风险，因此他们的交易限额和地址余额会受到严格控制，并通过协议强制执行。

（二）合规框架的关键点

1. 全面的合规框架

Libra 协会将制定一个全面的合规框架，以满足相关法律的要求。这一合规框架至少包括以下内容：任命一位首席合规官；成立一个负责监督报告的委员会；根据风险评估，制定书面的反洗钱、反恐融资和制裁合规的要求和流程，并提交董事会批准；对所有协会成员、指定经销商、受管制的 VASP 和认证的 VASP 进行基于风险的尽职调查；根据风险评估和监管要求，定期酌情修订反洗钱、反恐融资和制裁合规的要求；创建一个 FIU部门，以便监测 Libra 网络上潜在的可疑活动，提高网络的安全性和合规性；任命一个符合独立标准的内部审计部门，对协会的反洗钱、反恐融资和制裁合规进行定期独立审查。

2. 强制性标准

Libra 协会及其附属机构将为加入 Libra 生态的协会成员、指定经销商、受管制的 VASP 和认证的 VASP 制定强制性标准。满足这些强制性标准的实体可以在 Libra 网络上进行交易，并且在绝大多数情况下不受交易限额和地址余额的约束。在某些特定情况下，这些实体可能也会受到约束，但他们受到的约束要比未托管钱包用户少。

3. 尽职调查

Libra 协会及其附属机构将定期对所有协会成员和指定经销商进行尽职调查。尽职调查将根据上述强制性标准来进行，以确保协会成员和指定经销商满足合规要求。尽职调查的主要内容包括：实体状态；制裁筛选；负面新闻；实际受益人和控制人；遵守适用的反洗钱、反恐融资和制裁合规的监管要求；注册和许可；实体及其用户群的地理位置。

同时，Libra 协会及其附属机构还将对指定经销商在外汇市场的资金和专业知识进行调查，并要求指定经销商对其在 Libra 生态中的下游交易对手进行尽职调查。

4. 交易限额和地址余额的约束

非托管钱包用户通过 VASP 来使用 Libra 支付系统，VASP 促成用户交易，并可能将一部分交易记录在自己的内部账本上，而不是记录在 Libra 区块链上。对于不同的参与者，交易限额和地址余额的约束也有区别。

（1）受管制的 VASP。如果想成为受管制的 VASP，实体必须向 Libra 协会及其附属机构提交申请并接受尽职调查。申请通过之后，该实体可以创建受管制的 VASP 地址。绝大多数受管制的 VASP 不受交易限额和地址余额的约束，某些受管制的 VASP 会受到与其风险状况相称的交易限额和地址余额的约束。

（2）认证的 VASP。如果想成为认证的 VASP，实体必须提交认证申请，证明其符合 Libra 协会制定的相关标准并已经基于风险建立了合理的合规计划。合规认证可由 Libra 协会及其附属机构或 Libra 协会批准的第三方认证机构提供。最高级别的认证的 VASP 满足 Libra 协会制定的要求，不受交易限额和地址余额的约束；低等级的认证的 VASP 会受到与其风险状况相称的交易限额和地址余额的约束。

（3）非托管钱包用户。非托管钱包用户会增加 Libra 的合规风险和金融犯罪风险。因此，非托管钱包用户会受到交易限制和地址余额的约束，这些约束是通过 Libra 协议强制执行的。如果不希望受到约束，那么非托管钱包用户必须选择与受监管或认证的 VASP 合作。

5. 协议级的合规要求

Libra 协会在 Libra 协议中加入合规控制，并强制执行协议级的合规要求。协议级的合规内容包括：自动阻止与受制裁的区块链地址或 IP 地址相关的交易；交易限额和地址余额的约束；强制要求受管制的 VASP 和认证的 VASP 进行证书更新；等等。

6. 监测网络活动

Libra 协会及其附属机构将运行 FIU，监视网络活动，以保证 Libra 支付系统的合规。同时，还将与监管机构和服务提供商开展合作，收集并共享风险信号，以发现和阻止对 Libra 的非法使用。

三、开放的竞争性网络

在 Libra 1.0 的规划中，Libra 未来会向无许可系统过渡。这个无许可系统要实现的关键目标包括：向商家和消费者提供支付和金融服务；验证者独立运行验证节点，提高 Libra 共识协议的安全性和可靠性；生态中的参与者积极参与 Libra 的治理和发展。

然而，包括瑞士金融市场监管局（FINMA）在内的很多监管机构对无许可系统表示担忧，他们认为无许可系统很难做到完全合规。因此，Libra 2.0 放弃未来向无许可系统过渡的计划，但保留其主要经济特征，并通过市场驱动的、开放的竞争性网络来实现，同时兼顾许可系统中固有的对参与者的尽职调查。

开放的竞争性网络对于扩大协会成员基础和确保协会成员的长期更新

都是至关重要的。Libra 协会将制定公开标准，以确保选拔流程的客观和透明，并将 Libra 生态的发展、多样性、安全性和完整性等关键因素考虑进去。

对于扩大协会成员基础，Libra 协会将公开招募新的协会成员，并规定每一轮的席位数量。申请人提交的申请内容包括：申请人满足协会成员资格要求的基本信息，包括合规尽职调查；申请人成功运行验证节点的能力；申请人有能力推动 Libra 生态发展；支持 Libra 协会的运营成本和激励措施的资金支持。申请人提交的信息将用于计算成员贡献积分（Member Contribution Score，MCS），Libra 协会根据 MCS 对申请人进行排名。

对于协会成员的更新，Libra 协会的目标是新协会成员可以加入协会、提供核心服务、为治理做出贡献，而现有协会成员则可以根据他们的良好表现更新参与。随着时间的推移，Libra 协会可以公开透明地修改 MCS 的计算方法和选拔流程以满足新的需求。如果某个协会成员破坏了 Libra 的完整性和安全性，Libra 协会将把他从验证者名单中删除；在极其严重的情况下，Libra 协会将取消他的协会成员资格。

四、对 Libra 项目的预判

Libra 协会充分吸取了政府部门、央行和监管机构的反馈意见，对反洗钱、反恐融资、制裁合规和防范非法活动等标准制定了全面的合规框架。同时，定期对协会成员、指定经销商和 VASP 做尽职调查，确保生态中的主要参与者符合监管要求，在最大程度上做到合规。

Libra 放弃未来向无许可系统过渡的计划，转而采用开放的竞争性网络，这是一个非常关键的转变，可能会为未来的区块链解决方案提供新的思路。特别是在近期，完全去中心化的 DeFi 接连爆出安全问题，促使大家对去中心化和安全性之间的权衡重新思考。

Libra 现在遵循的是全世界最严格的监管标准，未来其他类似的跨地区的区块链金融项目也会面临同样的监管。这些项目可以根据 Libra 进行自评，评估自己的项目能否满足监管要求。Libra 的经历也可以表明，跨地区的区块链金融项目想要实施，只能通过拥抱监管的途径。任何所谓的颠覆现有体系和完全去中心化的区块链项目，都注定是小众的，不可能将规模做大。

相对于其他跨地区的区块链金融项目，Libra 会有一定的先发优势，主要体现在 Libra 的知名度高以及协会成员在各自领域积累的支持者和用户。在技术层面，由于区块链项目开源的特性，Libra 不存在先发优势。未来，如果其他类似的项目在合规方面做得更好，项目可以更顺利地推进，那么也存在后发超越的机会。Libra 2.0 做出重大修改将极大缓解 Libra 项目面临的监管和商业阻力，Libra 项目将加速推进，但仍需付出很大努力才有可能实现"全球支付系统和金融基础设施"的愿景。

对于本国货币在 Libra 货币篮子的国家，即美国、欧盟、日本和新加坡，在满足监管要求的前提下，这些国家可能会允许 Libra 发行和应用。但 Libra 的实际应用情况，将完全取决于市场需求以及 Libra 联盟投入多少资源。同时，欧央行和日本银行的 Stella 项目、新加坡的 Ubin 项目都已经对区块链作为金融基础设施做了大量的研究，未来这些国家完全可以发行央行数字货币（CBDC），不需要使用 Libra。

对于本国货币不在 Libra 货币篮子的国家，可以分两类来分析。第一类是像中国、俄罗斯和印度等综合国力比较强的国家。这些国家非常重视本国的货币政策和货币主权，肯定不会允许 Libra 在本国大规模流通和使用，而且中国的 DC/EP 在全球的央行数字货币中处于非常靠前的位置。第二类是像位于非洲、南美洲等地区的欠发达国家。这些国家的人民属于 Libra 构想中的服务人群，但实际操作上会有很大的困难。第一，这些国家的人民很难获得美元、欧元等货币，也不会有很多 VASP 愿意为这些人提

供换汇服务。第二，货币有网络效应，如果 Libra 的覆盖程度不够，那么
这些国家的人民可能需要频繁地兑换本币和 Libra Coins，手续费会是一笔
高昂的支出。第三，这些国家也不会完全无视 Libra 可能引发的货币主权
和货币替代问题。

第二十三章　数字人民币生态格局初探

数字人民币生态有哪些参与机构？它们将发挥哪些作用？2020年4月，随着数字人民币在四个城市开始内部封闭试点测试，这已成为金融界非常关心的问题。比如，A股已出现数字货币概念股，证券公司研究人员对数字人民币对相关上市公司、商业银行和非银行支付机构等的影响已开展跟踪研究。但因为人民银行对数字人民币披露的信息不多，市场上的研究报告多有"合理推测"性质。

2020年9月14日，人民银行范一飞副行长在《金融时报》上发表了《关于数字人民币M0定位的政策含义分析》。这是范一飞副行长继2018年1月25日在《第一财经》的《关于央行数字货币的几点考虑》之后再次在财经媒体上阐述人民银行关于数字人民币的立场。从范一飞副行长这两篇文章看，人民银行对数字人民币有清晰的战略谋划，核心观点可谓"一以贯之"。笔者认为，范一飞副行长的最新文章已经揭示了数字人民币生态概貌，若干未回答的问题则有待进一步研究。

一、数字人民币的货币经济学属性

数字人民币主要定位于M0（流通中现金），这与数字人民币作为零售型央行数字货币（CBDC）的定位是一致的。从主要国家的CBDC项目看，批发型和零售型CBDC替代的都是中央银行货币，与商业银行货币（即存款）不在同一层次上。因为M1和M2中包含商业银行存款货币，所以用CBDC替代M1和M2的提法在逻辑上就很难成立。对数字人民币的M0定

218

位和重要意义，需要结合我国货币和支付体系来理解。

在现代社会，商业银行货币构成广义货币供给的主要组成部分。商业银行放贷伴随着货币创造，这是商业银行承担的重要社会职能。商业银行向个人和机构放贷时，资产方增加一笔贷款，负债方增加一笔存款。在部分存款准备金制度下，这个过程持续下去，就形成了存款的多倍扩张机制。尽管一些非银行金融机构也可以放贷，但只有商业银行放贷才伴随着负债（即存款）增长，而在私人部门机构中，只有商业银行负债才能有效地行使货币职能。用户使用商业银行存款货币进行支付时，涉及商业银行行内系统和银行间支付清算系统。

用户在使用非银行支付机构进行电子支付时（比如转账和发红包、抢红包），存在两种情况。第一，支付由非银行支付机构发起，但付款通过绑定的银行卡进行，实际上是使用商业银行存款货币完成支付。第二，付款通过支付账户余额进行，比如支付宝余额和微信钱包余额。支付账户余额本质上是预付价值，对应着非银行支付机构为办理用户委托的支付业务而实际收到的预付代收资金（即备付金），需要用户事先用商业银行存款充值。按目前的非银行支付机构管理制度，备付金 100% 集中存管在人民银行。

以上简单介绍了支持 M1 和 M2 流通的银行间支付清算系统、商业银行行内系统以及非银行支付机构等支付系统。这些系统在我国发展全球领先的移动支付服务中发挥了重要作用。鉴于这些系统的电子化和数字化程度，用数字人民币替代 M1 和 M2 形同"画蛇添足"，确实没有必要。

数字人民币与人民币现金之间有多重关系。第一，数字人民币可以视为现金的升级版，在同属于 M0、"支付即结算"这些核心特征上与现金是一样的。第二，数字人民币替代现金，既有助于降低现金印制、调拨、仓储、投放、回笼、清分和销毁等相关成本，也能发挥可控匿名、可追溯等特点抑制基于现金的违法犯罪活动，如逃漏税、洗钱和恐怖融资等。第三，尽管现金的绝对数量还在增长，但随着电子支付的发展，现金使用率已在下降，很多人是"一机在手，走遍全国"。在这种背景下，通过数字人民币让公众持有中央银行货币，保证商业银行存款货币能等额兑换为中央银行货币，对经济金融平稳运行以及提高公众对人民币的信心非常重要。

数字人民币针对零售支付，在目标用户和场景上与非银行支付机构有很多重合，将为目前的电子支付系统提供更多冗余性。但要看到，非银行支付机构提供的是支付工具而非货币工具，只有同一家非银行支付机构的用户之间才能相互转账交易。数字人民币是我国法定货币的数字形态。以数字人民币支付我国境内一切公共和私人债务（如消费购物、付水电煤气费和还按揭贷款等），任何单位和个人在具备接收条件的情况下不得拒收。数字人民币，有助于打破零售支付壁垒和市场分割，避免市场扭曲，保护金融消费者权益，为数字经济发展提供通用性的基础货币。

二、数字人民币的技术属性

针对数字人民币的技术属性，范一飞副行长用的表述是"以广义账户体系为基础""银行账户松耦合"以及"基于价值属性衍生出不同于电子支付工具的新功能"。如何理解这些表述？笔者认为，最好结合人民银行关于数字人民币的专利文件来理解。

在以商业银行的存款账户和非银行支付机构的支付账户为代表的传统账户体系中，账户名显示用户的真实身份，账户余额记录用户拥有多少存款以及将多少预收待付资金委托给非银行支付机构。传统账户体系下的支付，是从付款方的账户余额中减少相应金额，同时在收款方的账户余额中增加相应金额。如果付款方和收款方的账户不在同一家账户管理机构（如商业银行和非银行支付机构），那么这笔收付款会引发两家账户管理机构之间的交易，而这需要通过调整它们在更上级的账户管理机构（如中央银行）的账户余额来进行。

　　传统账户体系遵循实名制原则。比如，对个人银行结算账户，Ⅰ类银行账户需要在银行柜台开立、现场核验身份，Ⅱ类和Ⅲ类银行账户可以通过互联网等电子渠道开立，但需要同名Ⅰ类银行账户或信用卡账户绑定验证身份并使用。非银行支付机构从支付账户诞生起便一直采取非面对面的方式为用户开立支付账户。对个人支付账户，Ⅰ类账户需要通过一个外部渠道验证用户身份，比如联网核查用户的居民身份证信息；Ⅱ类和Ⅲ类支付账户如果采取非面对面方式开立，分别需要三个和五个外部渠道验证用户身份。

　　数字人民币是由人民银行担保并签名发行的代表具体金额的加密数字串，每枚数字人民币在任意时刻都有唯一属主。属主标识体现为用户地址，一般是用户公钥的哈希摘要值。因为几乎不可能从哈希摘要值（即地址）倒推出原始数据（即公钥），地址天然具有匿名性。数字人民币的可控匿名体现为，地址与用户真实身份之间可以不关联，也可以经过"了解你的用户"（KYC）过程达到不同程度的关联（如数字人民币钱包绑定银行卡），但关联信息仅由人民银行掌握。这些用户信息由人民银行的数字货币认证中心集中管理。

　　数字人民币的属主信息由人民银行的数字货币登记中心记录和变更。数字货币登记中心以数字人民币为中心构建，记录每枚数字人民币的所有者是哪个地址。某个地址拥有的数字人民币总量，等于所有者为该地址的所有数字人民币面额之和。数字人民币支付体现为将付款地址拥有的数字人民币的属主变更为收款地址。

　　因此，在数字人民币系统中，地址是可控匿名的，不一定关联用户真实身份；没有类似账户余额的概念；支付体现为数字人民币的属主变更，而非账户余额调整；理论上，任何两个地址之间都可以直接点对点交易。

三、数字人民币的批发和零售环节

数字人民币最早提出"中央银行—商业银行"二元模式。这一模式得到了主要国家的 CBDC 项目的遵循，体现为批发和零售两个环节。在批发环节，商业银行用存放在中央银行的存款准备金向中央银行按需兑换出 CBDC，这也是 CBDC 的发行环节。在零售环节，用户用现金或存款向商业银行兑换出 CBDC。如果只有批发环节而没有零售环节，就是批发型 CBDC，比如加拿大银行的 Jasper 项目、新加坡金管局的 Ubin 项目以及中国香港金管局的 LionRock 项目。既有批发环节也有零售环节，就是零售型 CBDC。数字人民币在全球零售型 CBDC 项目中处于领先位置。

范一飞副行长在文章中对数字人民币的批发环节有系统阐述。第一，只有在资本和技术等方面实力较为雄厚的商业银行才能作为指定运营机构，参与批发环节，用存款准备金向人民银行兑换出数字人民币。其他商业银行和非银行支付机构不能直接与人民银行交易以兑换出数字人民币。第二，人民银行将数字人民币作为公共产品向公众提供，数字人民币不计付利息，人民银行在批发环节不收取数字人民币兑换流通服务费。

数字人民币的批发环节在很大程度上借鉴了现金发行制度。人民币现金印制出来后，先存放在人民银行发行库，称为人民币发行基金。人民币发行基金是人民银行代国家保管的有待流通的货币。与人民银行发行库相对应的是商业银行和政策性银行的业务库，是为办理日常现金收付而设置的现金库存，业务库现金属于流通中货币的一部分。当人民币发行基金从发行库拨入业务库时，就是货币投放，反之就是货币回笼。数字人民币也有两个库——人民银行的发行库和商业银行的业务库，与实物形态的人民币发行基金对应的则是数字货币发行基金。主要差别在于，只有作为指定运营机构的商业银行才能参加数字人民币的发行环节。

对数字人民币的零售环节，范一飞副行长明确了三点。第一，数字人民币需遵守《中华人民共和国中国人民银行法》《中华人民共和国人民币管理条例》等与现钞管理相关的法律法规，以及大额现金管理和反洗钱、反恐怖融资等法律法规。第二，作为指定运营机构的商业银行在人民银行的额度管理下，根据用户身份信息识别强度为其开立不同类型的数字人民币钱包，进行数字人民币兑出、兑回服务。第三，商业银行不向个人客户收取数字人民币的兑出、兑回服务费。

四、有待进一步研究的问题

（一）数字人民币的清结算安排，如何实现"支付即结算"以及跨运营机构的互联互通？

一个思路是个人和机构（含商业银行）的数字人民币交易，都第一时间体现为人民银行的数字货币登记中心的更新。这相当于人民银行要面向公众提供实时全额结算，对数字人民币系统的安全和性能提出了很高要求。

另一个思路是证监会科技监管局姚前局长在2020年4月2日《第一财经》的《区块链与央行数字货币》提出的零售型CBDC双层托管机制。用户申请兑换CBDC并将其托管到代理运营机构，代理运营机构记录每个用户托管的CBDC明细账本，再通过批发方式向中央银行兑换CBDC，并以批量方式混同托管到中央银行。中央银行记录代理运营机构的总账本，与代理运营机构的明细账本构成上下级双账本结构。当同一家代理运营机构的用户之间发生CBDC交易时，只需在该机构的明细账本上变更权属。当发生跨代理运营机构的CBDC交易时，首先由相关的代理运营机构在各自明细账本上完成CBDC权属变更，然后由中央银行在总账本上定期批量变更各代理运营机构总账。这个思路可能需要使用多重签名技术，有助于实现 CBDC 的延迟净额结算，缓解中央银行直接处理零售支付的服务压力。

（二）其他商业银行（指不属于指定运营机构的商业银行）和非银行支付机构如何参与数字人民币流通服务？如何发挥它们在数字人民币体系中的积极作用？

第一，其他商业银行能否不参与数字人民币的批发环节，只参加零售环节？换言之，其他商业银行能否运营数字人民币钱包服务，但不是向人民银行而是向指定运营机构兑换出数字人民币？如果数字人民币钱包管理机制和技术发展成熟，这个安排不会影响数字人民币的中心化管理和"中央银行—商业银行"二元模式，不会产生额外的风险，能有力促进公众持有、使用数字人民币。

第二，商业银行的 ATM 机如何兼容数字人民币？人民币现金与数字人民币将长期共存，用户对两者之间的双向兑换将有持续需求，这是数字人民币零售环节的重要组成部分，对 ATM 机提出了升级要求。

第三，指定运营机构名单能否扩容？随着我国银行业发展和对数字人民币理解加深，将有更多商业银行满足人民银行关于指定运营机构的要求，即成熟的基础设施、完善的服务体系、充足的人才储备以及在零售业务治理体系、风险措施等方面丰富的经验。长期来看，指定运营机构名单能扩容，也应该扩容。

第四，非银行支付机构在数字人民币系统中是什么地位？我国电子支付的"主动脉"是商业银行，"毛细血管"是非银行支付机构。过去 10 年，非银行支付机构在市场竞争的驱动下，深度渗透老百姓衣食住行、生活缴费、信用卡还款和社交娱乐等场景，尽管造成了支付市场格局集中、市场分割和金融消费者权益保护不力等问题，但为老百姓带来了巨大便利。正如范一飞副行长指出的，《非银行支付机构网络支付业务管理办法》

第九条规定，非银行支付机构不得经营或者变相经营货币兑换，不具备为M0定位的数字人民币提供兑换服务的制度基础。具体来说，非银行支付机构无论是在批发环节向人民银行兑换出数字人民币，还是在零售环节向指定运营机构兑换出数字人民币，都与法无依。在数字人民币的两个库中（人民银行的发行库和商业银行的业务库），也没有非银行支付机构的位置。另外，非银行支付机构如果提供数字人民币兑换服务，就必然涉及备付金和数字人民币之间的双向兑换，尽管备付金和数字人民币都属于基础货币范畴，但这在货币经济学上的影响非常复杂。

笔者认为，除了支付产品设计创新、场景拓展、市场推广、系统开发、业务处理和运维等服务环节以外，应该允许用户用数字人民币向非银行支付机构的账户充值。在实现方式上，非银行支付机构在指定运营机构开立数字人民币钱包，用户从自己的钱包向非银行支付机构的钱包转入数字人民币，作为委托非银行支付机构办理支付业务的预付代收资金，但限定用户提现时只能拿回数字人民币而非获得商业银行存款。这部分支付账户余额的价值基础从备付金转为数字人民币，因为备付金和数字人民币都属于基础货币，在风险内涵上基本等价。

第五，企业用户收款终端如何适应数字人民币？一方面，POS机需要升级。另一方面，数字人民币应该兼容非银行支付机构建立的二维码收单体系。根据数字人民币的法偿特征，企业用户收款终端在具备接收条件后，就不得拒绝消费者用数字人民币支付，这有助于数字人民币的应用推广。

第二十四章　数字美元项目分析

2020 年 5 月，数字美元项目（Digital Dollar Project）发布了第一版白皮书，引起了区块链行业内的巨大关注。本章主要对数字美元项目进行研究，共分为三部分。第一部分分析数字美元项目的性质，第二部分介绍数字美元项目的主要内容，第三部分是对数字美元项目的预判。

一、数字美元项目的性质

数字美元项目是由非营利组织数字美元基金会（Digital Dollar Foundation）和埃森哲（Accenture）联合发起的，主要发起人包括美国商品期货交易委员会（CFTC）前主席 Chris Giancarlo、前首席创新官 Daniel Gorfine、埃森哲高管 David Treat 和 Pure Storage 等。埃森哲在央行数字货币领域有丰富的经验，与加拿大银行、新加坡金管局、欧洲央行以及瑞典央行都有合作。

需要说明的是，数字美元项目并不是美联储主导的央行数字货币项目，而是一个民间项目。因此，数字美元项目与其他央行数字货币项目有本质区别。目前，全球主要的央行数字货币项目包括中国人民银行的 DC/EP、新加坡金管局的 Ubin 项目、日本银行和欧洲央行的 Stella 项目以及加拿大银行的 Jasper 项目等。

同时，数字美元项目与 Libra、USDC 和 GUSD 等私人数字货币项目也有很大的不同。数字美元项目在白皮书中并没有提出新的发币机构，而是建议数字美元由美联储发行。因此，数字美元项目更接近于一个为创建美

226

国央行数字货币提出框架和建议的研究项目。

二、数字美元项目的主要内容

数字美元项目对美国央行数字货币可行的技术方案进行研究，并在白皮书中详细介绍了数字美元的潜在需求、使用案例、特殊优势和价值，同时还指出数字美元可以巩固美元作为世界储备货币的地位。

（一）技术方案

1. 发行

数字美元由美联储发行，由美联储信用担保，背后有 100% 准备金作为支撑。数字美元可以被视为除现钞、准备金之外的第三种央行货币形式，并可以与现钞、准备金进行等额互换。

数字美元遵循"中央银行—商业银行"的双层运营模式，本质上与现钞的发行和流通模式是相同的。在双层运营模式中，商业银行通过美联储将准备金换成数字美元，美联储将数字美元发行至商业银行，商业银行直接向公众提供数字美元的存取等服务。双层运营模式可以沿用当前的货币发行和流通体系，面临的法律和监管风险比较小，有助于数字美元的普及。

2. 互操作性

数字美元项目强调数字美元具有互操作性，即数字美元可以与国内外现有的和未来的金融基础设施共存。数字美元项目会与国际清算银行和国际货币基金组织等机构进行合作，并鼓励公众共同努力以提升未来的金融基础设施。

3. Token 化

Token 化是将资产、商品、权利或货币转换为一种可以证明和转让所有权的表示形式。对于美元来讲，Token 化的数字美元具有更高的使用效率、可编程性和可访问性。

数字美元项目对比了基于 Token 的系统和基于账户的系统。在基于 Token 的系统中，交易不依赖中心化的账本，接收者可以验证交易的合法性（见图 24-1）。分布式账本技术（DLT）可以确保 Token 的唯一性并防止被双重花费（double spending）。

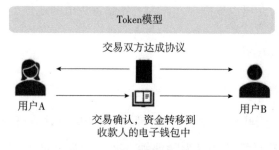

图 24-1 基于 Token 的系统

资料来源：参见网址，www. digital dollar project. org。

在基于账户的系统中，系统的操作员对发送方进行身份验证，并确认中心化账本上的账户余额。大多数基于账户的系统依赖于可信的第三方运营商来维护中心化账本（见图 24-2）。

4. 隐私保护

隐私保护是数字美元项目考虑的一个重要问题。从理论上讲，可以设计出一个完全匿名、无法追踪的系统，但是这样的系统会滋生违法行为且难以追责。因此，数字美元项目需要一个平衡隐私保护和监管的技术解决方案。

对于隐私保护，现有的央行数字货币项目采用了类似的设计思路。DC/EP 的数字钱包采用分级管理机制，完善用户信息可以实现钱包的升级。分级管理机制是 DC/EP 实现隐私保护和做好风险监管的关键。Stella 项目第四阶段也在研究平衡交易信息的机密性和可审计性，采用的隐私增强技术必须要兼具可审计的特点。

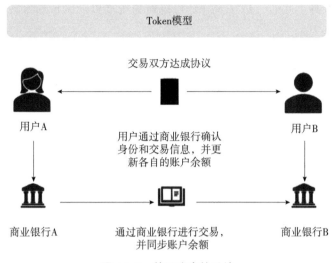

图 24-2　基于账户的系统

资料来源：参见网址，www. digital dollar project. org。

（二）使用案例

数字美元可以与分布式账本技术等交易基础设施相结合，成为一种新的金融媒介和支付工具。同时，可编程性的特点可以让数字美元的使用场景更加丰富。注意，数字美元并不是要代替现有的货币系统，而是与现有的货币系统并存，在零售、批发和国际支付领域为公众提供一种新的选择。

1. 零售

在现金支付和信用卡支付之外，公众可以使用数字美元进行即时点对点交易。数字美元支持在没有中间人的情况下即时发送或接收付款，大大降低了使用成本。对于没有银行账户的美国人，他们可以通过数字钱包等软件工具接受金融服务，促进普惠金融。

在新冠疫情大流行的背景下，现有的美元体系在资金有效分配方面存在缺陷和不足，无法提供更直接的支付手段，很多美国人需要等待一个月或更长时间才能收到救助款。数字美元将为政府向个人支付救助款项提供一个有效工具。同时，数字美元还可以避免现钞可能携带病毒的问题。

2. 批发

批发依赖于国家支付系统，例如通过实时全额结算系统（RTGS）进行大额支付。目前，批发交易发生在基于账户的系统，只有拥有账户的机构才能进行批发交易。数字美元可以提供基于 Token 的系统，为机构提供更多样化的方式。此外，从结算的角度来看，数字美元提供原子交易，交易及结算，可以减少欺诈和降低交易对手风险。

3. 国际支付

数字美元可以建立更直接的货币关系，解决当前国际支付中因代理行模式而导致的时间延迟，提高了国际支付的效率。美元是当今全球最重要的货币，美元在外汇交易、银行融资、中央银行外汇储备中所占比例很高。美元的广泛使用意味着大量以美元计价的证券和其他负债由其他国家的机构持有，数字美元可以为国际贸易带来额外的好处，进一步巩固美元作为世界储备货币的地位。同时，数字美元的可编程性的特点能够提供定制服务，有助于控制美元在海外的分配。

三、对数字美元项目的预判

数字美元项目的性质比较特殊，它既不是美联储主导的央行数字货币项目，也与 Libra 等私人数字货币项目有很大的不同。数字美元项目旨在促进对央行数字货币的探索，为创建美国央行数字货币提出框架和建议，以支持政府部门对央行数字货币的研究。

数字美元项目的发起者认为央行数字货币具有更高的使用效率、可编程性和可访问性，是一个重要创新。美国应该在央行数字货币中发挥领导作用，推出数字美元是至关重要的一步，它可以巩固美元作为世界储备货币的地位。数字美元应该被精心设计，特别是在 KYC、反洗钱、反恐融资等领域。在这个过程中，政府部门和私人机构之间应该开展合作。

从技术方案的角度来看，数字美元项目会与现有的美元体系并存，两者一起运营；数字美元的发行遵循"中央银行—商业银行"的双层运营模式；数字美元可以与分布式账本技术相结合，成为一种新的金融媒介和支付工具，交易信息记录在分布式账本上。需要指出的是，数字美元项目的第一版白皮书中并没有太多深入和具体的技术内容。

从项目后续计划的角度来看，数字美元项目也与 Libra 有很大区别。Libra 项目则是以发行代币为目的，目标和方向更加清晰，所有工作都围绕这个目标展开。而数字美元项目并没有提出代币发行机构，是一个以研究为导向的项目，后续计划仍以研究为主，会进行一些使用场景和案例的测试。

虽然美联储并没有推出美国的央行数字货币，但是加密资产市场上有很多关于美元的稳定币项目在运行。这些加密资产项目的运行经验，以及以数字美元项目为代表的研究型项目的成果，都可能会成为美联储未来推行央行数字货币的积累。

第二十五章 欧央行和日本银行 Stella 项目进展分析

Stella 是欧央行（ECB）和日本银行（BOJ）联合开展的研究项目，主要针对分布式账本技术（Distributed Ledger Technology，DLT）在支付系统（Payment Systems）、证券结算系统（Securities Settlement Systems）、同步跨境转账（Synchronized Cross-border Payments）、平衡机密性和可审计性（Balancing Confidentiality and Auditability）等领域的适用性进行研究。目前，Stella 项目已经完成四个阶段的研究工作。

一、第一阶段：支付系统

Stella 项目第一阶段的目标是评估现有支付系统的特定功能，例如流动性节约机制（Liquidity Saving Mechanisms，LSMs），是否可以在 DLT 环境中安全有效地运行。金融机构之间的支付一般通过央行管理的实时全额结算系统（Real Time Gross Settlement，RTGS），RTGS 的效率高，但对流动性的要求也高。LSMs 将付款与其他支付轧差后结算，能节约流动性。

（一）研究设置

Stella 项目第一阶段是基于 Hyperledger Fabric 平台（0.6.1 版本）进行研究的。

交易的业务逻辑通过两种智能合约实现，一种智能合约没有 LSMs 的设计，只是简单处理支付；另一种智能合约有 LSMs 的设计，欧央行和日本银行的 LSMs 智能合约分别基于 TARGET2 和 BOJ-NET 的排队和双边轧差机制设计。其中，TARGET2 的全称是泛欧实时全额自动结算系统（Trans-European Automated Real-time Gross Settlement Express Transfer System），是欧元的 RTGS 系统；BOJ-NET 的全称是日本银行金融网络系统（Bank of Japan Financial Network System），是日元的 RTGS 系统，也结算金融机构之间的日本国债交易。

（二）研究方法

首先，程序在非 DLT 环境中进行，为 DLT 性能研究提供一个基准数据。其次，智能合约在没有共识机制的单个节点上运行，这是为了在没有分布式网络影响的情况下测量切换到 DLT 的影响。最后，程序在具有共识机制的分布式环境中运行。

在性能方面，通过延迟来测量系统的性能。测量时用到的流量被设置为 RTGS 系统流量或最多每秒 250 个交易请求。为了估算延迟时间，记录每个节点上"正在被发送的交易请求"和"正在被执行和写入区块的交易"之间的时间。对于每笔交易，计算经过所有节点的时间，或者计算所有节点主体将区块加载至其账本的时间。

在安全性方面，评估以下三种情景对系统安全性的影响。一是一个或多个验证节点发生临时故障；二是 Fabric 中负责证书授权的特殊节点发生临时故障；三是部分交易以不正确的数据格式发送到系统。这些事件带来的额外延迟和恢复系统功能所需的时间是评估安全性的主要参数。

（三）研究结论

1. 基于 DLT 的解决方案可以满足 RTGS 系统的性能要求

在 DLT 环境中每秒可以处理的交易请求量与欧元区和日本的 RTGS 系统处理的交易请求量相当，欧元区和日本的 RTGS 系统的平均流量是每秒

10~70 个请求。当每秒交易请求量超过 250 个时，需要在流量和性能之间做出取舍。同时，研究还证明了在 DLT 环境中实施 LSMs 的逻辑可行性。

2. DLT 的性能受到网络规模和节点之间距离的影响

当网络节点的数量增加时，执行支付所需要的时间也会增加。同时，节点之间距离对性能的影响与网络结构有关：在达成共识的必要最小节点数分散程度越低，网络其余部分的分散程度对延迟的影响越小；达成共识必要最小节点数的分散程度越高，对延迟的影响将会越大。

3. 基于 DLT 的解决方案有潜力增强支付系统的恢复能力和可靠性

研究表明，DLT 有承受验证节点故障和不正确的数据格式等问题的潜力。第一，只要维持共识算法所需数量的节点是可用的，系统的可用性就不会受到影响。第二，无论停机时间多长，验证节点都可以恢复。第三，如果唯一负责证书授权的特殊节点发生故障，就可能会导致系统发生单点故障。第四，不正确的数据格式不会影响系统的整体性能。

二、第二阶段：证券结算

Stella 项目第二阶段是研究两个关联偿付义务之间的结算，如券款对付（Delivery versus Payment，DvP），是否可以在 DLT 环境中进行概念设计和执行。

（一）研究设置

Stella 项目第二阶段是基于三个平台进行研究：Corda、Elements 和 Hyperledger Fabric。研究内容是一个标准的、程序化的场景：两个交易对手方之间进行证券和资金的交易。

如图 25-1 所示，在 DLT 环境中执行 DvP 有两种不同的方法：单账本 DvP（Single-ledger DvP）和跨账本 DvP（Cross-ledger DvP）。

对于单账本 DvP，资金和证券记录在同一账本。在这种情况下，两个交易对手方各自确认交易指令之后，两种资产的交换会在同一个交易中进行处理。对于跨账本 DvP，资金和证券记录在两个不同的账本，账本之间存在某种机制将两种资产的交易联系起来。跨账本 DvP 是非常复杂的，可以进一步细分为两种类型。

一是跨账本 DvP 的账本之间有连接。在 DLT 环境中，这种类型可能需要中介来促进和控制两个账本之间的协调。在 Stella 项目第二阶段，这种类型不做重点研究。二是跨账本 DvP 的账本之间没有连接。在 DLT 环境中，跨链原子交易功能可以使没有连接或中介的账本之间实现 DvP。实现跨链原子交易的关键要素是数字签名和哈希时间锁合约（Hashed Timelock Contracts，HTLC）。在 Stella 项目第二阶段，这种类型的跨账本 DvP 是基于 HTLC 实现的。

SSS：证券结算系统
PS：支付系统
➡：指令

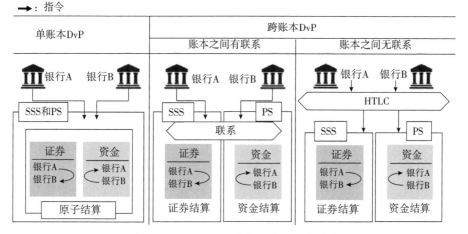

图 25-1　在 DLT 环境中实现 DvP 的方法

（二）研究方法

如前文所述，Stella 项目第二阶段的研究内容是一个标准的、程序化的场景：两个交易对手方（银行 A 和银行 B）在 DLT 环境中进行商定数额的证券和资金之间的交易。

1. 单账本 DvP 的流程

单账本 DvP 的设计理念是两个交易对手方商定交易指令的内容，然后在同一个交易中处理。两个交易对手方对交易指令达成一致后，两个关联偿付义务合并成一个交易，两个交易对手方直接使用加密签名进行处理，不需要 DLT 网络中的特定匹配函数。

如图 25-2 所示，两个交易对手方遵循以下步骤，可以成功进行单账本 DvP：第一，银行 A（证券的原始持有人）创建证券指令（支付商定数额的证券），银行 B（资金的原始持有人）创建资金指令（支付商定数额的资金）。在这个阶段，两项指令都没有被签名。第二，银行 A 将其没有签名的证券指令发送给银行 B。银行 B 核实证券指令的内容，并将证券指令与自己的资金指令结合起来，组成一套完整的指令。银行 B 签署资金指令，并将其发回银行 A。第三，银行 A 验证全部指令，并签署证券指令，然后将双方签名过的全部指令提交给共识机制。第四，DLT 环境中的共识机制对提交的指令进行验证和确认，并将结果写入账本。商定的资金和证券分别转移到银行 A 和银行 B。

如果上述某一个步骤未能完成，结算就会失败。此时，资金和证券由各自的原始持有人保管，并可立即用于其他交易。

2. 使用 HTLC 的跨账本 DvP 的流程

跨账本 DvP 的设计理念是让两个交易对手方根据账本上记录的承诺就交易指令的内容达成一致，并使用 HTLC 进行跨账本 DvP。

在图 25-3 中，证券出售方（银行 A）和证券购买方（银行 B）已经对准备交易的数量、资产类型、锁定时间和哈希函数达成协议。协议的内容包括两个交易：在两小时内，八个单位的证券由银行 A 转移给银行 B；在一小时内，六个单位的资金由银行 B 转移给银行 A。

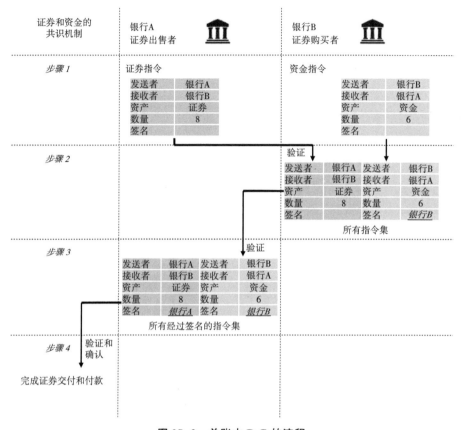

图 25-2　单账本 DvP 的流程

如图 25-3 所示，两个交易对手方遵循以下步骤，可以成功完成使用 HTLC 的跨账本 DvP：

第一，银行 A（证券的原始持有人）生成一个原像 X 和对应的哈希值 Y（Y=H（X）），银行 A 将 Y 分享给银行 B，银行 A 创建第一个证券指令（支付商定数额的证券）。在这个指令中，银行 A 规定了两种状态：如果银行 B 可以提供 X 满足 Y=H（X），那么银行 B 是证券的接收人；如果时间超过两小时，那么银行 A 是证券的接收人。银行 A 对这个指令签名，并将签名的指令提交给证券的共识机制。第二，证券 DLT 网络中的共识机制对提交的第一个证券指令进行验证和确认，并将结果写入证券账本。

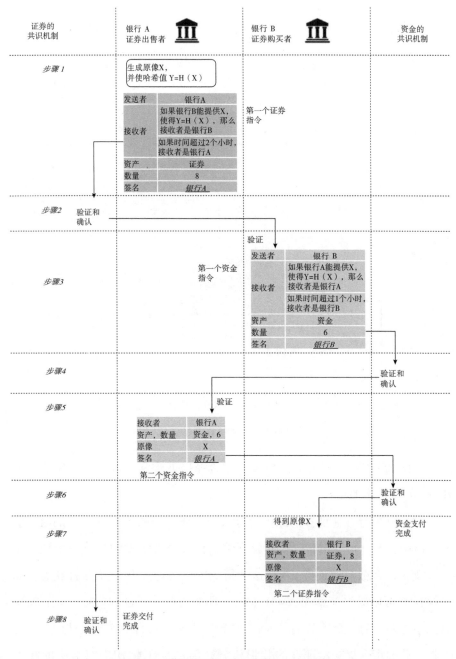

图 25-3 使用 HTLC 的跨账本 DvP 的流程

第三，银行 B（资金的原始持有人）核实银行 A 承诺的第一个证券指令的内容，然后银行 B 创建第一个资金指令（支付商定数额的资金）。在这个指令中，银行 B 规定了两种状态：如果银行 A 可以提供 X 满足 Y = H (X)，那么银行 A 是资金的接收人；如果时间超过一小时，那么银行 B 是资金的接收人。银行 B 对这个指令签名，并将签名的指令提交给资金的共识机制。第四，资金 DLT 网络中的共识机制对提交的第一个资金指令进行验证和确认，并将结果写入资金账本。第五，银行 A 验证银行 B 承诺的第一个资金指令的内容，然后银行 A 创建第二个资金指令（获得商定数额的资金）并签名，并将签名的指令提交给资金的共识机制。同时，银行 A 在这个指令中提供原像 X。第六，资金 DLT 网络中的共识机制对提交的第二个资金指令进行验证和确认，并将结果写入资金账本。此时，商定数额的资金从银行 B 转移到银行 A。第七，银行 B 从第二个资金指令中获得原像 X。然后银行 B 创建第二个证券指令（获得商定数额的证券）并签名，并将签名的指令提交给证券的共识机制。同时，银行 B 在这个指令中提供原像 X。第八，证券 DLT 网络中的共识机制对提交的第二个证券指令进行验证和确认，并将结果写入证券账本。此时，商定数额的证券从银行 A 转移到银行 B。

如果上述某一个步骤未能完成，结算就会失败。对于使用 HTLC 的跨账本 DvP，结算失败可能会导致两种不同的结果：一是资金和证券被退还给各自原始持有人，两个交易对手方都不会承担太大风险，但会面临重置成本风险和流动性风险。二是资金和证券都会被一个交易方获得，另一方会承担较大风险。例如，在银行 A 获得商定的资金后，银行 B 没有在约定的锁定时间（两小时）内完成第二个证券指令。最终，银行 A 将持有退还的证券和获得的资金，而银行 B 损失本金。在这个结算失败的场景中，没有实现跨账本 DvP，说明了 HTLC 技术目前还存在的弱点，需要进一步发展。

（三）研究结论

第一，DvP 可以在 DLT 环境中进行概念设计和执行。资金和证券可以在同一个账本，也可以在不同的账本，DvP 的具体设计取决于 DLT 平台的特征。此外，根据实际用例，DvP 的设计可能受到一些因素的影响，包括 DvP 与其他交易后处理基础设施之间的相互作用。

第二，DLT 为实现跨账本 DvP 提供了一种新的设计方法，并且不需要账本之间有任何连接。概念分析和进行的实验已经证明，在账本之间没有任何连接的情况下，也可以实现跨账本 DvP。跨链原子交易有帮助不同账本之间实现互操作性的潜力，并且不需要账本之间有任何连接或特定排列。

第三，基于具体设计，在 DLT 环境中的实现跨账本 DvP 有一定的复杂性，并可能造成其他需要解决的问题。在账本之间没有连接的情况下，实现跨账本 DvP 需要两个交易对手方进行几次迭代和交互。这种设计可能会影响交易速度，并可能需要暂时阻塞流动性。从业务的角度来看，独立的账本之间可能会无意中互相影响；从风险的角度来看，使用 HTLC 的跨账本 DvP 失败，其中一个交易方可能会面临较大风险。

三、第三阶段：同步跨境转账

现行的跨境转账方案存在效率低、手续费高、无法实时收款等问题。如图 25-4 所示，付款人 A 和收款人 C 之间存在中间人 B，整个转账过程可以分为 A 转账给 B 和 B 转账给 C 两个步骤。如果 B 收到 A 的转账之后，没有完成给 C 转账，那么 A 将面临损失本金的风险。

在跨境转账中，如果不同账本之间进行同步结算，那么信用风险就会大大降低。Stella 项目第三阶段的目标是为跨境转账提供新型解决方案，提

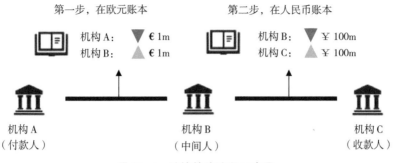

图 25-4　跨境转账流程示意图

高跨境转账的安全性。

（一）研究设置

在 Stella 项目第三阶段的研究中，账本可以是中心化账本或分布式账本。研究实验分为两种：使用跨账本协议（the Interledger Protocol，ILP）和不使用 ILP。使用 ILP 的实验是用来研究两个中心化账本之间、两个分布式账本之间、一个分布式账本和一个中心化账本之间的转账；不使用 ILP 的实验是用来研究两个分布式账本之间的转账。

使用 ILP 的两个中心化账本之间的转账实验中，中心化账本采用 Five Bells Ledger。结果表明，使用 ILP 的两个中心化账本可以通过托管完成同步结算。使用 ILP 的两个分布式账本之间的转账实验中，分布式账本采用 Hyperledger Fabric。结果表明，使用 ILP 的两个分布式账本可以通过带有 HTLC 的链上托管完成同步结算。

不使用 ILP 的两个分布式账本之间的转账实验中，分布式账本采用 Hyperledger Fabric。结果表明，不使用 ILP 的两个分布式账本可以通过链上托管完成同步结算。使用 ILP 的分布式账本和中心化账本之间的转账实验中，分布式账本采用 Hyperledger Fabric，中心化账本采用 Five Bells Ledger。结果表明，ILP 与账本的类型无关。

（二）研究方法

Stella 项目第三阶段的研究场景如图 25-5 所示，包括付款人、收款人和中间人。在转账过程中，各参与方采用的账本类型没有具体限制。各参与方之间的转账方法主要有五种：信任线（Trustlines），使用 HTLC 的链上托管（On-Ledger Escrow Using HTLC）、第三方托管（Third Party Escrow）、简单支付通道（Simple Payment Channels）和使用 HTLC 的条件支付通道（Conditional Payment Channels with HTLC）。

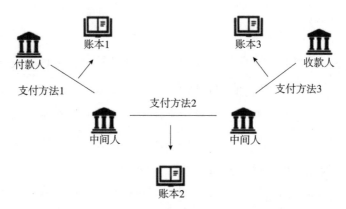

图 25-5　Stella 项目第三阶段的研究场景示意图

1. 信任线

信任线是交易双方在信任基础上进行交易的一种方法。在信任线中，不会把每一笔交易都在账本上进行结算，只会将最终的结算状态记录在账本上。使用信任线的转账可以分为三个阶段：建立阶段、状态更新阶段和结算阶段。

（1）建立阶段。付款人 A 和收款人 B 在同一账本上拥有账户，那么 A 和 B 之间可以建立信任线，并设定各自的信任线额度。在达到信任线额度之前，A 和 B 之间的交易无须结算。

（2）状态更新阶段。当准备交易时，付款人向收款人发送哈希值和规定时间，只要收款人在规定时间之前提供哈希原像，那么双方的信任线状态会更新，收款人的账户余额增加，付款人的账户余额减少。未结算的交易总额或信任线的状态由交易双方保存在各自的数据库中。从技术上讲，只要不超过信任线额度，交易双方就可以一直使用信任线进行双向交易。

（3）结算阶段。交易双方将总净额在账本上进行结算，并将最终状态记录在账本上。

2. 使用 HTLC 的链上托管

在使用 HTLC 的链上托管方法中，付款人的资金由账本托管。付款人向收款人发送哈希值和规定时间，如果收款人在规定时间内提供哈希原像，那么收款人就可以收到转账资金；如果收款人不能在规定时间内提供哈希原像，那么转账资金将退回给付款人。由于交易的传输和处理时间会被计算在规定时间内，所以这种方法更适合支持高速交易的账本系统。

3. 第三方托管

第三方托管依赖于可信的第三方，在概念上与使用 HTLC 的链上托管类似。付款人将转账信息发送给交易双方都信任的第三方，并将资金转到第三方拥有的账户上。如果收款人在规定时间内提供哈希原像，那么第三方会将托管的资金转给收款人；如果收款人不能在规定时间内提供哈希原像，那么第三方会将托管的资金归还付款人。

4. 支付通道

支付通道的特点是交易双方可以合并多个交易而只结算最终账户的净轧差。在支付通道中，交易双方需要在同一账本拥有账户。交易分为以下三个阶段：建立阶段、状态更新阶段以及结算阶段。

（1）建立阶段。交易双方或其中一方将一定数量的资金托管在一个临时、共享的支付通道中。

（2）状态更新阶段。在交易开始前，双方先签署一个状态声明，用以表示支付通道中双方的资金分配，之后每个新的状态声明都是双方资金分配的更新版本。交易双方可以直接发出状态声明，不需要有任何资金转入或转出账本上的共享账户，只要交易双方的余额为正值，便可持续在支付通道中进行双向交易。

（3）结算阶段。一旦有一方参与者想停止使用支付通道，可以执行退出操作。将最后的状态声明更新提交至账本，结算后的余额会退给发起支付通道的交易双方。账本可以通过核实签名和最后结余来验证状态更新的有效性，防止参与者使用无效状态来退出支付通道。

支付通道还可以细分为简单支付通道和使用 HTLC 的条件支付通道，两者之间的主要区别在于，HTLC 是条件支付通道的状态声明的一部分，当状态声明被提交至账本时，HTLC 也会被提交至账本。

（三）研究结论

Stella 项目第三阶段研究的几种转账方法的比较如表 25-1 所示。

表 25-1　转账方法的对比

支付方式	链上/链下	是否托管或有资金锁定	对条件支付的执行	对分布式账本的特定要求
信任线	链下	无	无	无
链上托管	链上	有	由分布式账本执行	有
第三方托管	链上	有	由第三方执行	无
简单支付通道	链下	有	无	有
条件支付通道	链下	有	由分布式账本执行	有

对于安全性，链上托管、第三方托管和条件支付通道都有强制性机制，可以确保在交易过程中完全履行自己责任的交易方不会面临损失本金

的风险。

对于流动性效率而言，五种支付方法的排序是信任线、链上托管和第三方托管、简单支付通道和条件支付通道，信任线的流动性效率优于其他支付方法，链上托管和第三方托管（只需要托管本次转账所需的资金）的流动性效率一般优于简单支付通道和条件支付通道（要托管支付通道中所有需要支付的资金）。

从技术角度来看，通过使用同步支付和锁定资金的方法可以提高跨境转账的安全性。需要指出的是，实施这种新方法之前需要进一步思考法律政策、技术成熟度和成本效益等问题。

四、第四阶段：平衡机密性和可审计性

业内的研究人员提出很多方案来解决分布式账本中交易信息的机密性和隐私保护问题。这些解决方案会限制未经授权的用户获取交易信息，通常被称为增强隐私技术（Privacy-Enhancing Technologies，PETs）。同时，为了确保基于 DLT 的金融市场基础设施的可审计性，经过授权的第三方审计机构需要获得必要的交易信息。在一定程度上，机密性和可审计性存在矛盾。

Stella 项目第四阶段的目标是平衡交易信息的机密性和可审计性。具体来讲，Stella 项目第四阶段将应用在 DLT 中的 PETs 进行介绍和分类，并评估交易信息是否可以被经过授权的审计机构进行有效审计。

（一）应用在 DLT 中的 PETs

Stella 项目第四阶段根据增强隐私的基本方法将 PETs 分为三类：隔离技术、隐藏技术和切断联系技术。这些增强隐私的技术方法并不是相互排斥的，它们可以合并应用，进一步增强机密性。

1. 隔离技术

隔离技术可以增强 DLT 网络的机密性, 即交易信息在交易参与者范围内隔离, 只在"有必要知道"的基础上进行共享。使用隔离 PETs 时, 网络中不存在所有参与者都能访问的、包含所有交易信息的公共账本, 每个参与者只能访问到与自己相关的交易信息。隔离技术见图 25-6。

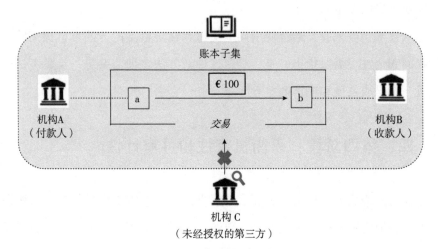

图 25-6　隔离技术示意图

(1) Corda 的隔离技术。Corda 的参与者在网络中进行特定通信, 交易信息只在获得授权的参与者之间共享, 而网络中的其他参与者不能访问交易信息。同时, Corda 网络中还设置了公证人角色, 以防止出现"双花"。

(2) Hyperledger Fabric 的隔离技术。Hyperledger Fabric 为参与者提供频道功能, 这些频道将整个网络分成若干子网络, 参与者只能访问子网络的账本, 不能访问全网账本。参与者必须经过认证和授权才能处理和维护特定子网络的账本, 因此, 参与者只能访问自己参与的交易。

(3) 链下支付通道。通过链下支付通道, 资金可以在主网之外进行交易。参与者不需要将所有交易信息在全网进行广播, 从而增强了交易信息的机密性。

2. 隐藏技术

在交易层面上，可以通过隐藏技术来防止未经授权的参与者访问交易信息，从而增强交易信息的机密性。隐藏技术见图 25-7。

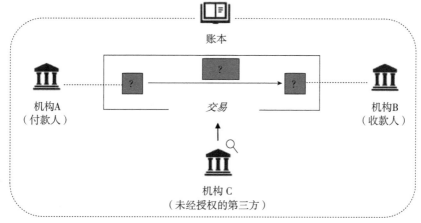

图 25-7　隐藏技术示意图

（1）Quorum 的隐私交易。Quorum 平台提供隐私交易的功能，参与者可以对未经授权的第三方隐藏他们的交易信息。在执行交易之前，交易者可以指定隐私交易的参与方，隐私交易的详细交易信息存储在隐私账本，公开账本只记录交易信息和发送方的哈希值。

（2）Pederson 承诺（Pedersen commitment）。Pederson 承诺是指发送方创建一个交易量的承诺来进行全网广播，但不向全网透露实际交易量。Pederson 承诺是通过网络定义的参数和发送方选择的参数创建的。交易参与者可以使用 Pedersen 承诺将账本上的交易金额替换为第三方不能破译的承诺。

（3）零知识证明（Zero-Knowledge Proof，ZKP）。零知识证明是指在不向验证者提供任何实际信息的情况下，使验证者相信某个论断是正确的。在 DLT 网络中，ZKP 可以用来增强交易信息的机密性。

3. 切断联系技术

PETs 可以用于切断公共账本上可见的发送方、接收方信息与实际交易信息之间的关系。未经授权的第三方可以查看交易参与者和交易金额，但无法确定交易关系，即无法确定哪个参与者是发送方或接收方。切断联系技术见图25-8。

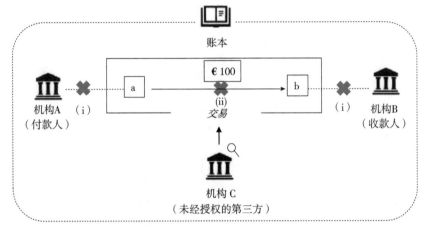

图25-8 切断联系技术示意图

（1）一次性地址。参与者可以对每个交易使用不同的化名或地址（一次性地址），以防止身份与参与的交易关联起来。一次性地址技术广泛应用于各种方案和项目中，增强了交易信息的机密性。对于参与者需要管理大量地址而引起的操作复杂性问题，HD钱包（Hierarchical Deterministic Wallet）可以解决。一次性地址之间没有明显的关联，第三方很难将这些地址联系在一起。

（2）混币。混币原理就是多个参与者混合参与多个交易，单个交易中的发送方和接收方的地址被分离，未经授权的第三方很难从中找到一一对应的映射关系，增强了交易信息的机密性。

（3）环签名。环签名技术可以用来证明签字人属于一组签字人，而不透露具体是哪个签字人。简单来讲，就是环签名所形成的群组里面，未经授权的第三方仅能知道参与环签名的人是这个组里面的人，却不能知道具体是组里的哪个人。

（二）交易信息的可审计性

对交易信息的审计方法和审计有效性在很大程度上取决于网络中采用的 PETs。

1. 评估可审计性的角度

Stella 项目第四阶段从三个维度来评估交易信息的可审计性，即获得必要信息、所获得信息的可靠性和审计过程的效率。

（1）获得必要信息。审计机构是否能获得进行审计活动的必要信息是评估可审计性的一个维度。当 DLT 网络中应用 PETs 时，审计机构不能查看和解析所有交易信息。因此，审计机构需要其他可信的数据源，可信的数据源可以是 DLT 网络中设计的角色（如 Corda 的公证人）或信誉良好的第三方（如混币服务商）。在可信的数据源向审计机构提交必要信息的过程中，必须确保审计机构能够对必要信息进行访问。

（2）所获得信息的可靠性。审计机构获得必要信息后，评估可审计性的重点是所获得信息的可靠性。如果审计机构通过所获得的信息可以得到原始交易信息，那么所获得的信息被认为是可靠的。

（3）审计过程的效率。审计过程的效率也是评估可审计性的重要因素。效率可以由资源的消耗来衡量（例如计算能力、数据存储和通信带宽）。如果审计过程消耗了过多的计算能力，或者网络和审计框架的设置方式使得审计机构和交易参与者必须为每个交易进行通信，那么可以认为审计过程的效率太低。

2. 对每种 PETs 的可审计性进行评估

（1）Corda 的隔离技术。在 Corda 网络中，审计机构可以通过公证人获得所有必要信息，进行有效审计。

（2）Hyperledger Fabric 的隔离技术。在 Hyperledger Fabric 网络中，所有频道的交易都会发送到排序服务机构，审计机构可以将排序服务机构作为可信数据源进行审计。审计机构也可以在 Hyperledger Fabric 网络中部署观察者节点，从而获得必要信息进行审计。

（3）链下支付通道。对于链下支付通道，审计机构可以对开通或关闭链下支付通道进行审计，但是无法审计链下支付通道发生的每一笔交易。如果网络中存在链下支付通道的 hub，那么这个 hub 会记录每一笔交易信息，审计机构可以将其作为可信数据源进行审计。

（4）Quorum 的隐私交易。在 Quorum 网络的隐私交易中，发送方和交易信息的哈希值记录在公共账本上。审计机构可以解析发送方的信息，但它需要发送方提交交易信息，以验证记录在账本上的哈希值。因此，审计机构和参与者之间需要频繁通信，对审计效率产生负面影响。提高效率的可行方案是审计机构在网络中部署观察者节点。

（5）Pederson 承诺（Pedersen commitment）。在 Pederson 承诺中，实际的交易金额被隐藏。为了解析承诺，审计机构需要交易参与方提供他们选择的参数或交易金额。如果审计机构能同时获得选择的参数和交易金额，那么审计机构解析承诺所需的计算资源最小，审计过程的效率就足够高。如果审计机构只获得选择的参数，没有获得交易金额，那么审计机构解析承诺所需的计算资源会大大增加，审计过程的效率会大受影响。

（6）零知识证明（Zero-Knowledge Proof，ZKP）。ZKP 的可审计性与具体实施方案有关。当发送方和接收方的信息被 ZKP 隐藏时，审计机构无法从公共账本记录的信息中识别交易方，因此无法完成审计。

（7）一次性地址。审计机构需要参与者提供每笔交易使用的一次性地址，但审计机构无法确保参与者提供信息的真实性，因此无法完成审计。

（8）混币。如果使用的混币技术存在中间服务商，那么审计机构可以将中间服务商作为可信数据源，完成审计。如果使用的混币技术是基于 P2P 网络，审计机构需要参与者提供交易信息，但无法确保参与者提供信息的真实性，因此无法完成审计。

（9）环签名。审计机构无法确定环签名中具体的签名人，因此无法完成审计。

（三）研究结论

每种 PETs 的机密性总结如表 25-2 所示。表中概述了未经授权的第三方是否可以查看和解析发送方、接收方和交易金额的信息。同时，多种 PETs 的组合使用可以达到更高级别的机密性。

表 25-2　各种 PETs 的机密性对比

种类	PETs	发送方	接收方	交易金额
隔离技术	Corda 的隔离技术	不可以	不可以	不可以
	Hyperledger Fabric 的隔离技术	不可以	不可以	不可以
	链下支付通道	可以	可以	不可以
隐藏技术	Quorum 的隐私交易	可以	不可以	不可以
	Pederson 承诺	可以	可以	不可以
	零知识证明	不可以	不可以	不可以
切断联系技术	一次性地址	不可以	不可以	可以
	混币	不可以	不可以	可以
	环签名	不可以	可以	可以

从可审计性的三个评价维度出发，每种 PETs 的可审计性对比如表 25-3 所示。

表 25-3　各种 PETs 的可审计性对比

PETs		信息可获得	信息可靠	效率
Corda 的隔离技术		满足	满足	满足
Hyperledger Fabric 的隔离技术		满足	满足	满足
链下支付通道	有 hub	满足	满足	满足
	没有 hub	满足	不满足	—
Quorum 的隐私交易	部署观察节点	满足	满足	满足

PETs		信息可获得	信息可靠	效率
Pederson 承诺	获得参数和交易金额	满足	满足	满足
	获得参数	满足	满足	不满足
零知识证明	隐藏发送方接收方信息	不满足	—	—
一次性地址		不满足	—	—
混币	基于中间服务商	满足	满足	满足
	基于 P2P 网络	满足	不满足	—
环签名		不满足	—	—

在很多情况下，有效审计依赖于网络中存在的中心化可信数据源，但过度依赖中心化可信数据源可能会导致审计过程中的单点故障。多种 PETs 的组合使用可以达到更高级别的机密性，但同时会影响交易信息的可审计性，因此需要在机密性和可审计性之间做出取舍。

PETs 的具体实施方案会影响可审计性，不同类型的 PETs 在可审计性方面存在一般性的特征。对于隔离技术，没有共享的公共账本记录所有的交易信息，因此审计机构依赖于拥有所有交易信息记录的可信数据源。对于隐藏技术，隐藏的交易信息以可验证的形式记录在公共账本上，因此，实现有效审计的关键是获得必要的交易信息。对于切断联系技术，它们主要特点是很难从公共账本记录的信息中确定交易关系，因此，需要建立一种机制来存储关于发送方、接收方身份以及交易关系的原始信息集，并与审计机构共享这些信息。

需要指出的是，当前对每种 PETs 可审计性的评估结果并不是最终结论，评估结果可能会随着技术的发展而发生变化。欧央行和日本银行对可审计性的关注程度很高，未来各国央行采用的隐私增强技术肯定会兼具可审计的特点。

第二十六章 新加坡金融管理局 Ubin 项目分析

Ubin 是新加坡金融管理局（MAS）开展的研究项目，其研究目标是探索区块链和分布式账本技术（DLT）在货币 Token 化、支付系统、证券结算、同步跨境转账等领域中的应用，旨在解决金融业和区块链生态系统所面临的实际问题。目前，Ubin 项目已经完成了五个阶段的研究工作。

一、第一阶段：货币 Token 化

Ubin 项目第一阶段的主要研究工作包括将新加坡元（SGD）进行 Token 化，并使用 DLT 完成跨行转账，同时评估 DLT 对新加坡金融生态的潜在影响。参与 Ubin 项目第一阶段的成员有 MAS、美林银行、星展银行、汇丰银行和摩根大通等。

（一）研究目标

Ubin 项目第一阶段的研究目标分为两部分：

一是基于分布式账本为境内银行之间的转账系统建立一个概念设计原型，这个分布式账本上记录的每个银行的余额是由其在央行的存款准备金支撑的。概念设计原型中应该包括以下几点：记录所有参与者余额的分布式账本；在分布式账本上参与者可以实时开户、转账和销户；在分布式账本上参与者可以实时、全天候完成转账；将分布式账本与现有的央行结算基础设施整合。

二是研究 DLT 在实际应用中的非技术影响。例如，货币 Token 化对货

币政策、市场规则、货币供应、金融市场基础设施的原则或系统性风险、监管政策等方面的影响。

（二）研究方法

针对上述两部分研究目标，Ubin 项目第一阶段分别开展了技术工作和研究工作：技术工作聚焦于概念设计原型，研究工作则聚焦于 DLT 的潜在影响。

1. 技术工作

Ubin 项目第一阶段的概念设计原型中使用了现有 Jasper 项目和 BCS 信息系统（BCSIS 区块链）的部分设计组件。在原型设计中，Ubin 项目在分布式账本上为 Token 化的存托凭证（Depository Receipts，DR）创建了存托凭证资金托管账户。

Ubin 项目第一阶段的分布式账本是基于以太坊的私有链。图 26-1 是 Ubin 项目的结构示意图，展示参与者（包括银行和用户）通过分布式账本进行转账，以及存托凭证的抵押和赎回。

Ubin 项目第一阶段的结构示意图中包含两个单独的系统，这两个系统可以综合使用以提高不同账户之间的转账效率。MEPS+（MAS Electronic Payment System，是 SGD 的全额实时结算系统）用来处理银行间的 SGD 转账，区块链系统用来处理参与者钱包之间的转账。通过将转账资金合并到存托凭证，MEPS+和区块链这两个系统可以有机结合起来，银行间的 SGD 转账转化成参与者钱包之间的转账。整个转账流程的步骤如下：

第一，资金划转和抵押。参与者 A 在当前账户（即图 26-2 中的 CA 账户）中的资金会划转到全额实时结算（RTGS）账户。参与者 A 向MEPS+发送请求，开通区块链账户（即图 26-2 中 BCA 的账户）。参与者 A 在 RTGS 账户中的资金会转到区块链账户。此时，区块链账户中的资金就可以用来抵押生成存托凭证。在这个阶段，MAS 必须验证抵押品的有效性以便后续

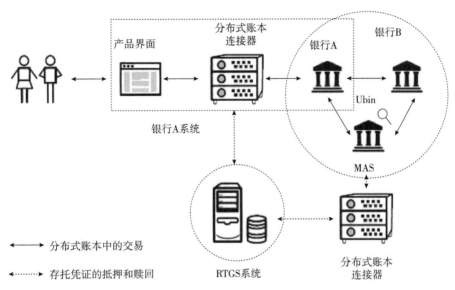

图 26-1　Ubin 项目的结构示意图

发行存托凭证。

　　第二，MAS 通过智能合约向参与者 A 的钱包中发放存托凭证。如果参与者 A 的区块链账户中有 300 SGD，那么参与者 A 的钱包中就会有价值 300 SGD 的存托凭证。存托凭证是 MEPS+ 和区块链之间的连接。

　　第三，基于区块链，参与者 A 可以向其他参与者的钱包进行转账。例如，参与者 A 向参与者 B 转账 30 SGD。

　　第四，区块链系统会向 RTGS 发送一个 FAST 净结算文件。

　　第五，参与者 A 的 RTGS 账户中 30 SGD 会被记入参与者 B 的 RTGS 账户。

　　第六，参与者 A 的区块链账户会减少 30 SGD，余额为 270 SGD。

　　第七，参与者 B 的 RTGS 账户中资金会转到参与者 B 的区块链账户中。

　　结合上述转账步骤，概念设计原型中包括三个关键因素：一是建立分布式账本网络，Ubin 项目第一阶段的分布式账本是基于以太坊的私有链，节点包括 MAS 和银行。二是开发智能合约和工具。三是连接分布式账本网络和 MEPS+，Ubin 项目第一阶段通过存托凭证连接两个系统。

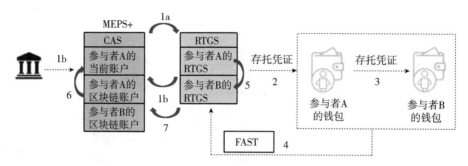

图 26-2　转账流程示意图

2. 研究工作

研究工作流程的主要任务是：确定和阐明 Ubin 项目概念设计原型的监管问题，确定 DLT 对货币和金融政策的影响，评估解决方案是否满足 PFMI（Principles for Financial Market Infrastructure）的要求并找出存在的差距。同时，为后续研究央行数字货币制定一份研究清单。

（三）研究结论

Ubin 项目第一阶段在基于以太坊的私有链上建立了一个银行间转账的概念设计原型。概念设计原型包含了现有 Jasper 项目的部分设计组件，并开发了一个新的智能合约代码库。同时，BCSIS 成功实现了区块链系统和 MEPS+之间的连接。通过研究货币政策和法律监管等问题，Ubin 项目第一阶段的研究工作为今后概念设计原型的实施奠定了坚实的基础。

Ubin 项目第一阶段的概念设计原型解决了转账双方之间的信用风险。将新加坡元 Token 化之后，交易双方之间的转账相当于是抵押在 MAS 的资金转账，抵押在 MAS 的资金不存在信用风险。

Ubin 项目第一阶段的概念设计原型中分布式账本不存在流动性风险。即使生态中最大的参与者发生故障或中断，也不会阻碍其他参与者完成相应的转账交易。

二、第二阶段：支付系统

Ubin 项目第二阶段的主要研究工作是使用 DLT 模拟银行间实时全额结算系统（RTGS），在保护隐私的前提下，用一种去中心化的方式实现流动性节约机制（LSM），解决交易的隐私性和最终性等问题。参与 Ubin 项目第二阶段的成员包括 MAS、新加坡银行协会（ABS）、埃森哲、11 家金融机构和 4 个技术合作伙伴。

（一）研究设置

Ubin 项目第二阶段是基于 Corda、Hyperledger Fabric 和 Quorum 这三个平台进行研究的，并对三个平台的不同功能和特点进行了探索。在研究过程中，所有节点都部署在微软的 Azure 云平台。

Ubin 项目第二阶段的研究目标是基于上述平台分别开发三个包含 RTGS 系统功能的原型。原型的六个主要设计准则是：转账数字化、去中心化架构、支付排队处理、交易隐私保护、结算最终性和流动性优化。设计原型的功能见图 26-3。

图 26-3 设计原型的功能

（二）研究方法

设计原型的主要功能包括：资金转账、排队机制和交易拥堵解决方案。

1. 资金转账

Ubin 项目第二阶段的资金转账是指从一家银行到另一家银行的转账。当付款方有足够的流动资金且交易队列中没有等待交易的指令时，资金转账会即时结算。

（1）Corda。在 Corda 的设计中，资金转账通过点对点的方式执行，只有付款方和收款方会处理、验证和记录交易。通过使用机密身份（Confidential Identities），付款方可以要求从收款方那里获得一对新的且唯一的公钥和证书，这个匿名身份只有付款方和收款方知道。在这种情况下，资金的未来拥有者无法识别之前拥有者的身份，可以有效保护交易中的参与者。这对于在 UTXO 模型中保护隐私是很重要的，在 UTXO 模型中，资金的监管可以一直追溯到发行方 MAS。通过使用机密身份，收款方可以验证资金的真实性，但不能将资金与现实世界中的拥有者对应起来。

当生成交易的输出状态、命令和签名时，机密身份的公钥会在交易中使用。作为资金的当前拥有者，付款方使用匿名身份对交易进行签名，然后系统中的公证人（Notary）验证了状态的唯一性并进行签名。经过公证人之后，付款方和收款方会将最终交易的输出状态记录在各自的账本上。公证人的功能是对提交的交易进行唯一性验证。当接受交易时，公证人会对交易进行签名；当拒绝交易时，公证人返回声明表示发生双花。如果交易过程中付款方的资金不足，那么会产生一个债务状态并注册到交易队列中，债务状态可以取消、重新设置或完成结算。Corda 具体转账流程见图 26-4。

（2）Hyperledger Fabric。在 Hyperledger Fabric 的设计中，资金转账在付款方和收款方之间的双边通道（Bilateral Channel）执行。当付款方的双

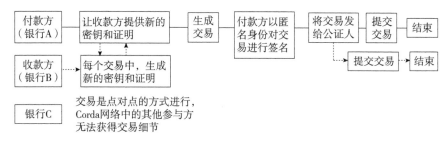

图 26-4 Corda 转账流程示意图

边通道账户中有足够资金且交易队列中没有优先级更高的交易指令时，交易指令会即时结算，即减少付款方的双边通道账户余额并增加收款方的双边通道账户余额。否则，付款方将根据交易队列中的交易指令执行双边净额结算。

排序节点（Orderer）是 Hyperledger Fabric 系统架构中的重要角色，负责处理用户提交的交易消息请求。如图 26-5 所示，付款方将资金转给收款方，在 Orderer 进行全网广播之前，付款方和收款方会对交易进行签名。双边通道中的所有参与者（付款方、收款方和 MAS）会收到一个区块来验证并提交这个交易到他们的分布式账本。

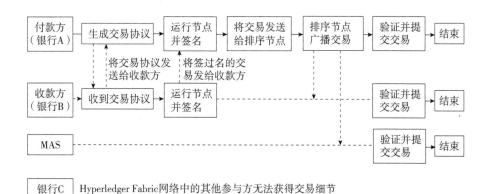

图 26-5 Hyperledger Fabric 转账流程示意图

（3）Quorum。在 Quorum 的设计中，资金转账在交易双方之间私下执行，没有其他人可以看到交易细节。通过零知识证明，对余额进行验证。

进行交易时，付款方和收款方生成并提交相同的零知识证明并进行全网验证。在这个过程中会用到私有智能合约（Private Smart Contracts）和公开智能合约（Public Smart Contracts）。

资金转账的交易指令是由付款方的 DApp 发起的。DApp 调用私有智能合约并生成一个私有交易。然后，付款方的 DApp 调用全网执行的公开交易。公开交易是使用交易指令中金额的哈希值创建的，这个哈希值是零知识证明生成和验证的输入。Quorum 通过零知识证明验证公开交易的有效性和完整性，因此不需要显示交易中的任何数据。Quorum 具体转账流程见图26-6。

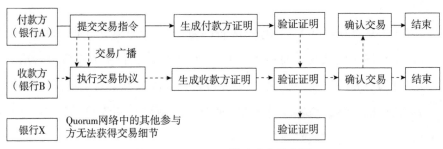

图 26-6　Quorum 转账流程示意图

2. 排队机制

当银行为资金转账创建交易指令但流动性不足时，交易指令被放入交易队列中，银行可以在交易队列中查看所有与自己相关的交易指令。当银行的流动性充足时，交易队列将根据以下顺序自动结算：先比较优先级，优先级高的交易会先进行结算；再比较进入交易队列的时间，时间越早的交易会先结算（First-In First-Out，FIFO）。

（1）Corda。如果付款方的余额不足，那么在付款方和收款方的分布式账本中会出现债务状态。类似于资金转账，交易者使用机密身份为交易创建新的公钥和证书，生成的公钥将用于识别债务状态的参与者。债务状态会作为交易的输出，在付款方签名后发送给收款方。如果收款方对经过核实和签名的交易做出响应，那么债务状态的详细信息将被放入付款方的交易队列中；如果收款方不对交易做出响应，那么债务状态会被取消。交易队列中的每个债务状态都会被标记只能由付款方修改的优先级，并且优先级只对付款方可见。

（2）Hyperledger Fabric。当新的交易指令添加到交易队列中时，系统会创建一个新的"正在排队交易"状态（Queued Transaction State）。双边通道中的两家银行可以看到相同的交易排队信息，没有必要为同一个交易指令维持两个交易队列。交易指令完成结算后，交易指令从"正在排队交易"状态更改为"完成交易"状态。

（3）Quorum。每个银行都维护自己的交易队列，这是一个尚未结算的交易指令列表。交易队列中保存交易指令的引用 ID，从而保护交易队列的隐私。只有与交易相关的参与方才能访问交易时间戳、交易金额等数据。当付款方的流动性不足时，交易指令会被添加到私有交易队列和全局交易拥堵队列中（Global Gridlock Queues），交易队列的结算按照优先级和 FIFO 原则。结算完成后，交易会被移出私有交易队列和全局交易拥堵队列。

3. 交易拥堵解决方案

全额结算对资金流动性的要求很高。当交易双方的资金不足、无法按照交易顺序完成全额结算时，就会发生交易拥堵。此时，可以通过轧差后进行净额结算，解决交易拥堵问题。

Corda 的交易拥堵解决方案分为发现、计划和执行三个阶段。交易拥堵解决方案会反复运行以解决队列中交易指令的结算问题。Corda 没有采用类似于 EAF2（一个最早用于德国的 FIFO 算法）等传统交易拥堵解决方案，而是开发了一种新的基于循环的算法，称为循环求解器（Cycle-Solver）。Hyperledger Fabric 的交易拥堵解决方案采用 EAF2 算法，Hyperledger Fabric 的交易拥堵解决方案分为初始化和结算两个阶段。Quorum 的交易拥堵解决方案采用 EAF2 算法，Quorum 的交易拥堵解决方案分为四个阶段：标准化、排队、做出决定和结算。这些状态被写入智能合约，所有节点同步维持。

（三）研究结论

第一，三个平台都可以实现 RTGS 系统的关键功能，如资金转账、排队机制和交易拥堵解决方案。三个平台在可扩展性、性能和可靠性等方面都可以满足相关要求。

第二，使用 DLT 实现 RTGS 系统不仅可以降低单点失效等中心化系统的固有风险，而且可以获得 DLT 的优点，如安全性和不可篡改性。

第三，在研究过程中，隐私保护是非常重要的因素，三个平台都有针对隐私保护的考虑和设计。Corda 使用 UTXO 模型和机密身份；Hyperledger Fabric 使用独特的双边通道设计；Quorum 使用点对点的消息交换系统和零知识证明。

Ubin 项目第二阶段成功地证明了在保护隐私的前提下，可以用去中心化的方式实现 RTGS 系统的功能。DLT 的成功应用意味着需要重新考虑 MAS 在银行间转账所扮演的角色。

三、第三阶段：证券结算

Ubin 项目第三阶段的主要研究工作是使用 DLT 进行 Token 化资产之间的结算，如在不同的账本上对新加坡政府证券（Singapore Government Securities，SGS）和央行发行的资金存托凭证（Cash-Depository Receipts，CDRs）进行券款对付（Delivery versus Payment，DvP），旨在实现 DvP 的互操作性和最终性。参与 Ubin 项目第三阶段的成员包括新加坡金融管理局、新加坡交易所、Anquan 资本、德勤和纳斯达克等。

（一）研究设置

Ubin 项目第三阶段是基于几个不同的平台进行研究：Quorum、Hyperledger Fabric、Ethereum、Anquan 和 Chain Inc 区块链，每个平台都有不同的功能和特点。

如图 26-7 所示，Ubin 项目第三阶段的设计原型有以下三种：

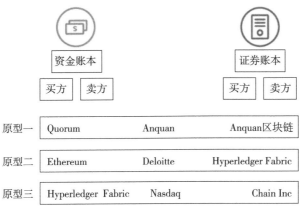

图 26-7　三种设计原型示意图

第一种原型是由 Anquan 设计，CDRs 的账本基于 Quorum，SGS 的账本基于 Anquan 区块链。第二种原型是由德勤设计，CDRs 的账本基于 Etherum，SGS 的账本基于 Hyperledger Fabric。第三种原型是由纳斯达克设计，CDRs 的账本基于 Hyperledger Fabric，SGS 的账本基于 Chain Inc 区块链。

交易流程是：48 小时内，证券从卖方转到买方；24 小时内，资金从买方转到卖方。买方和卖方都可以访问资金和证券的分布式账本，这两个账本是分别结算的。Ubin 项目第三阶段对四种 DvP 场景进行研究：

1. 结算成功

在这种场景中，买方和卖方都履行了交易义务，最终成功进行结算，整个交易步骤见图 26-8。

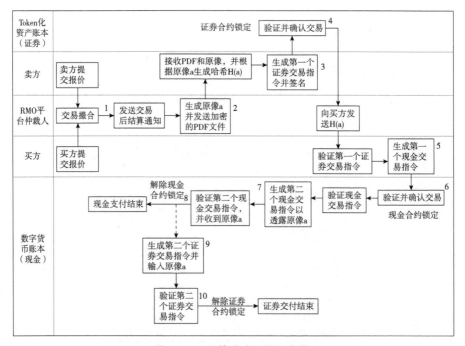

图 26-8 结算成功流程示意图

第一，买方和卖方向匹配引擎或 OTC 平台提交订单。匹配成功后，交易双方根据商定的资产类型和金额进行交易。

第二，匹配引擎或 OTC 平台生成哈希原像和哈希值，并通过加密文件的方式共享给卖方。哈希原像和哈希值将用于验证结算过程中的交易指令。

第三，卖方创建第一个证券交易指令，确定证券的交易数量，并设置两种可能的交易结果状态，然后提交给证券分布式账本。一种状态是在买方可以提供哈希原像或者交易双方都同意的情况下，买方可以获得证券；另一种状态是买方在 48 小时内无法提供哈希原像或者交易双方都同意的情况下，卖方收回证券。

第四，证券分布式账本的共识机制验证和确认第一个证券交易指令，然后更新分布式账本。同时，使用哈希时间锁智能合约锁定卖方的证券。

第五，买方在核实第一个证券交易指令的内容后，创建与资金转账相关的第一个资金交易指令。在这个指令中，买方确定了两种可能的交易结果状态。一种是在卖方可以提供哈希原像或者交易双方都同意的情况下，卖方可以获得资金；另一种是卖方在 24 小时内无法提供哈希原像或者交易双方都同意的情况下，买方收回资金。

第六，资金分布式账本的共识机制验证和确认第一个资金交易指令，然后更新分布式账本。同时，使用哈希时间锁智能合约锁定买方的资金。

第七，在核实买方第一个资金交易指令的内容后，卖方创建第二个资金交易指令（获得商定数额的资金），并提供哈希原像，然后卖方对第二个资金交易指令进行签名并提交给资金分布式账本。

第八，资金分布式账本的共识机制验证和确认第二个资金交易指令，然后更新分布式账本。此时，锁定的资金被转给卖方，资金支付流程结束。

第九，在收到卖方第二个资金交易指令的内容后，买方创建第二个证券交易指令（获得商定数额的证券），并提交卖方提供哈希原像，然后买方对第二个证券交易指令进行签名并提交给证券分布式账本。

第十，证券分布式账本的共识机制验证和确认第二个证券交易指令，然后更新分布式账本。此时，锁定的证券被转给买方，证券交付流程结束。

2. 结算失败，资金和证券返还给原持有人

如果上述场景中的某一个步骤没有成功完成，例如交易双方没有在规定的时间内提交交易指令，那么结算失败。此时，资金和证券没有换手，买方和卖方都没有失去本金的风险。

3. 结算失败，要求仲裁

如果结算成功场景中前面的步骤顺利完成，但买方未能在 48 小时内提交第二个证券交易指令，那么结算失败。买方已经完成付款，会面临本金和流动性风险，此时买方会要求仲裁。

4. 结算失败，仲裁机构介入

在这种场景中，结算失败，仲裁机构介入。此时，买方可以要求仲裁机构帮助，从卖方那里获得商定数额的证券或收回已经支付的资金。

（二）研究方法

1. Anquan

在 Anquan 设计中，CDRs 的账本基于 Quorum，SGS 的账本基于 Anquan 区块链。其设计原型示意图见图 26-9，特点包括以下三点：

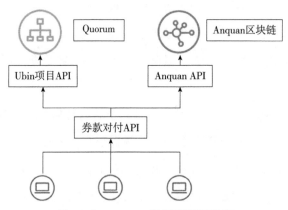

图 26-9　Anquan 设计原型示意图

第一，分布式原子交易。为了保护参与者，交易的原子性是在没有中心化仲裁机构的情况下实现的。虽然在分布式账本中实现 DvP 可能使买方面临一定的本金风险，但可以通过交易双方提交到账本的交易指令来降低这个风险。第二，可以与支付系统整合。这个设计可以与 Ubin 项目第二阶段开发的支付系统进行整合。第三，可扩展性。PBFT 共识算法和分片的设计使得这个系统具备可扩展性，可以快速实现跨链原子交易而不必等待几个区块确认。在这种方法中，仲裁机构是一个重要角色，在交易失败的情况下，仲裁机构可以撤销时间锁智能合约，解决潜在的流动性风险。

2. 德勤

在德勤设计中，CDRs 的账本基于 Etherum，SGS 的账本基于 Hyperledger Fabric。其设计原型示意图见图 26-10，特点包括以下四点：

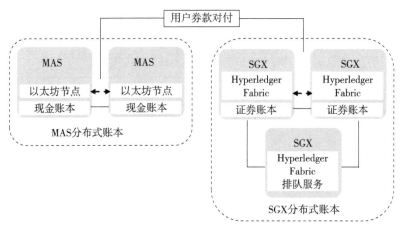

图 26-10　德勤设计原型示意图

第一，中心化用户证书管理。通常情况下，Token 化资产是所有者通过自己的私钥来保管的，所有者自己负责私钥的安全。但在这个设计中，经过授权的第三方可以提供私钥托管服务，持有托管的私钥并为交易进行签名。第二，含有仲裁机构的半中心化 DvP。Token 化资产通常是在去中心化的环境中以效率更高且成本更低的方式进行交易。然而，如果没有中心化的流程和仲裁途径，买方或卖方将不得不自己承担可能发生的任何损失。因此，在这个设计中会引入可信的第三方作为仲裁机构。第三，智能合约和公钥基础设施。DvP 逻辑在智能合约中实现，以便外部机构进行审计，并通过智能合约维持交易的原子性。第四，可以与其他图灵完备的区块链平台兼容。

3. 纳斯达克

在纳斯达克设计中，CDRs 的账本基于 Hyperledger Fabric，SGS 的账本基于 Chain Inc 区块链。其设计原型示意图见图 26-11，特点包括以下四点：

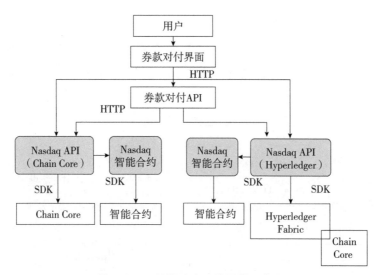

图 26-11　纳斯达克设计原型示意图

第一，即使用户对底层的 DLT 不了解，也可以通过 API 执行必要的功能。用户可以检索资金和证券的账户状态，使用私钥对智能合约进行签名，或在两个分布式账本上进行输入。第二，智能合约引擎可以帮助用户创建智能合约。智能合约引擎允许用户用人类可读的格式定义智能合约的标准，并在分布式账本上执行交易。第三，安全的云解决方案。整个设计是完全封装好的，可以直接部署到后端或用户界面。这种设计非常容易扩展和使用，底层 DLT 的变化不会影响 API 和用户体验。第四，封装结构，可以直接在云平台环境中运行。

（三）研究结论

DvP 智能合约可以确保投资者同时履行权利和义务，从而增加投资者的信心，降低市场上的合规成本。设计原型中有市场运营商（RMO），这是一个中心化的角色，可以起到监测和促进市场功能的作用。投资者的资金安全至关重要，设计原型具有以下主要特点：多重签名、智能合约锁、时间限制和仲裁机构。

目前，新加坡市场的结算周期是 T+3，使用 DLT 可以缩短结算周期，达到 T+1 或者全天候实时结算。结算周期的缩短会降低交易对手风险、本金风险和流动性风险。

在交易过程中使用哈希时间锁智能合约，买方可能会面临本金风险。因此，仲裁机构是一个重要设计，用于解决系统中的交易争端。设计原型对增强安全性和隐私保护非常重视，交易者可以在匿名状态下完成交易。需要指出的是，使用 DLT 时，资产会被智能合约锁定，在锁定期间，资产不能用于其他交易，这可能会导致市场流动性降低。

四、第四阶段：同步跨境转账

Ubin 项目第四阶段的主要研究工作是使用 DLT 进行同步跨境转账。2016 年，新加坡金融管理局和加拿大央行（BoC）分别开展了 Ubin 项目和 Jasper 项目。2019 年 5 月，MAS 和 BoC 对跨境转账进行共同研究并发表研究报告。

（一）研究设置

Ubin 项目第四阶段提出了三种同步跨境转账的概念设计（见图 26-12）。在第一种设计中，采用中间人的方法；在第二种设计中，允许金融机构同时使用国内网络和国外网络，可以同时持有两种货币；在第三种设计中，每个网络可以有两种货币，并可以直接交易，这可以视作一种多货币结算体系。

1. 中间人的方法

这种方法通过中间人结算来实现跨境转账。中间人是支付的第三方，通常是银行，可以使用国内和国外的网络。中间人可以在国内网络中从付款方那里接收资金，并在国外网络中向收款方发送资金，付款方和收款方

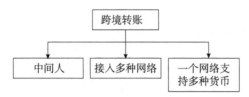

图26-12 三种同步跨境转账的概念设计

不需要同时在两个网络中拥有账户。该方法具体流程见图26-13。

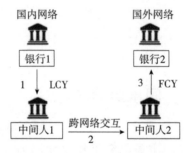

图26-13 中间人方法流程示意图

2. 同时使用国内和国外网络方法

在这种方法中，金融机构可以使用国内和国外网络，并在两个网络中持有两种货币。目前，有这种资质的金融机构比较少。如图26-14所示，银行1和银行2都在两个网络中拥有账户，可以直接进行两种货币的交易。

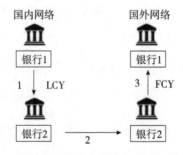

图26-14 同时使用国内和国外网络方法流程示意图

3. 支持多货币的网络

这个模型假设在每个网络中可以交易多种货币，付款方可以在国内网络中同时拥有国内货币和国外货币。付款方可以直接与其他参与者交易，在国内网络中使用国内货币兑换国外货币。该方法的具体流程见图26-15。

图 26-15 支持多种货币的网络方法流程示意图

（二）研究方法

目前，不同国家的货币记录在不同的账本上。因此，在 Ubin 项目第四阶段的研究中，加拿大的分布式账本基于 Corda 平台，新加坡的分布式账本基于 Quorum 平台，通过 HTLC 实现同步跨境转账。

在研究过程中，新加坡的银行 A 是在 Quorum 平台上的节点，加拿大的银行 B 是在 Corda 平台上的节点，中间人 A 在两个平台都有节点。银行 A 用 105 SGD 向银行 B 转账，根据两种货币之间的汇率，银行 B 最终收到 100 CAD。整个转账流程见图 26-16。

第一，加拿大的银行 B（收款方）创建哈希原像 S 和哈希值 H（S），并将哈希值 H（S）共享给新加坡的银行 A（付款方）。

第二，银行 A 在新加坡网络发起含有 HTLC 的交易，将 105 SGD 锁定在指定的托管账户中，转给新加坡的中间人 A。同时，规定了整个交易的时间 T。

第三，新加坡的中间人 A 审查智能合约的内容，并确认 105 SGD 锁定在指定的托管账户中。然后，新加坡的中间人 A 将哈希值 H（S）和时间限值 T/2 转给加拿大的中间人 A。

第四，加拿大的中间人 A 使用哈希值 H（S）和时间限值 T/2 在加拿

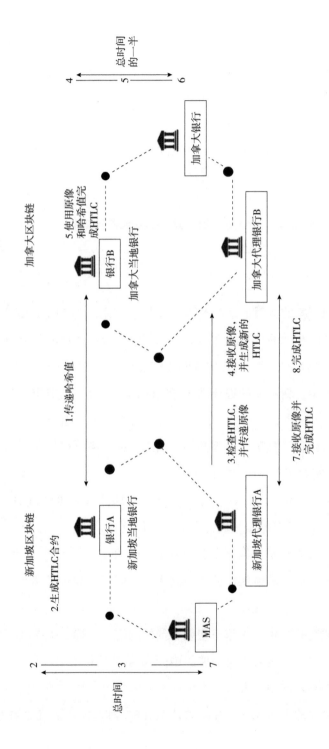

图26-16 转账过程中HTLC的流程示意图

大网络创建第二个智能合约，并将 100 CAD 锁定在指定的托管账户中，转给银行 B。

第五，银行 B 审查加拿大网络上智能合约的内容，确定锁定金额，然后使用哈希原像 S 从这个智能合约中获得资金 100 CAD。在这个过程中，哈希原像 S 提交给加拿大的中间人 A。

第六，加拿大的中间人 A 与新加坡的中间人 A 共享哈希原像 S。

第七，新加坡的中间人 A 可以用哈希原像 S 从新加坡网络的智能合约中获得托管账户中的资金 105 SGD。

（三）研究结论

Ubin 项目第四阶段成功实现了跨境（加拿大和新加坡）、跨币种（CAD 和 SGD）和跨平台（Corda 和 Quorum）的原子交易。在这个过程中，不需要交易双方都信任的第三方。

HTLC 使用哈希锁和时间锁来实现两个 DLT 平台之间原子交易。即使在交易失败的场景中，HTLC 也是一种可靠的方法，付款方在绝大多数情况下不会有本金风险。如果收款方不能在规定的时间内提交哈希原像，那么 HTLC 协议就会失败，托管的资金会返还给付款方。

五、第五阶段：应用价值

2020 年 7 月，MAS 和淡马锡（TEMASEK）共同发布了 Ubin 项目第五阶段的研究报告。在前四个阶段中，Ubin 项目主要对区块链技术的可行性进行研究，在第五阶段，Ubin 项目专注于证明区块链的应用价值，为进一步在商业场景中的实际应用奠定了基础。

（一）研究设置

Ubin 项目第五阶段的合作企业包括淡马锡、埃森哲和摩根大通等，用到的开源区块链平台包括 Quorum 和 Corda 等。Ubin 项目第五阶段的研究目标是由 MAS 和金融业的合作企业共同决定的，主要包括以下几点：

一是技术开发。开发一个可以进一步在商业场景中实际应用的支付网络原型。开发一个灵活的技术架构，这个架构中的服务和角色是非绑定的和模块化的。开发一种适用于国内情况的支付模式，并可以作为多个国家和多种货币结算的参考。

二是应用案例。了解具有明确和紧迫业务需求的应用案例，如用多种货币进行交易，以及证券和其他资产的结算等。同时，探索新的应用案例。

三是连接和集成测试。开发额外的功能和连接接口，以支持与应用案例的集成。使用选定的案例进行集成测试，以细化功能和连接规范。根据开源许可，发布和公开规范。

（二）、研究方法

1. 工作流程

根据上述研究目标，Ubin 项目第五阶段的研究方法可以分为两个并行的工作流程：摩根大通（J. P. Morgan）主导的技术开发和埃森哲（Accenture）主导的应用案例开发。然后，这两个工作流程合并用于连接和集成测试。

J. P. Morgan 将企业级区块链平台 Quorum 和数字货币 JPM Coin 用于开发支付网络，这提供了一个更接近现实需求的模拟，并为行业级测试提供适当的环境。同时，在 Ubin 项目第五阶段的支付网络上可以使用不同的货币。Accenture 对应用案例进行了二次研究，并确定了 124 个应用案例，这些应用案例可以从 Ubin 支付网络中获益。

2. 支付网络

通过 Ubin 项目的支付网络，参与者可以与发行和分配数字货币的

"货币发行者"进行连接，并使用不同的货币直接交易，"货币发行者"这个角色可以由受信任的中央银行或商业银行担任。Ubin 项目的支付网络能够实现 PvP 结算，降低不同货币之间进行交易的结算风险。Ubin 项目还提供 DvP 结算、托管和条件支付等其他功能。Ubin 项目的支付网络允许为用户提供前端接口的不同钱包访问，增强钱包的互操作性（见图 26-17）。

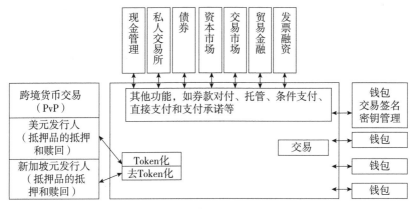

图 26-17　连接接口示意图

资料来源：《Ubin 项目第五阶段：实现广泛的系统机遇》报告。

Ubin 项目的支付网络由五个相互关联的部分组成：账本互操作性服务、网关通信服务、区块链账本、用户连接接口和数字货币，其技术架构示意图见图 26-18。

（三）应用案例

对于很多行业和领域来讲，尽管它们的业务各不相同，但都面临着相似的问题：一是参与方之间的信息交流不畅，二是由于交易双方之间缺乏信任，需要可信的中介机构来促成交易。

信息交流不畅的解决方案是将信息数字化，这已经在组织内部的协调和信息交流上得到了广泛应用。例如，组织内部的不同部门发布或处理的文件通常记录在一个通用平台上，这实现了文件匹配和账本更新等流程的

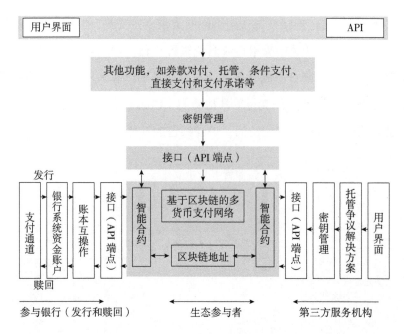

图 26-18　支付网络的技术架构示意图

资料来源：《Ubin 项目第五阶段：实现广泛的系统机遇》报告。

自动化。跨组织之间的信息交流还存在效率问题，如果能组建一个统一的通用平台，那么就可以显著提高流程效率。

但是，如何决定通用平台的拥有者和运营者是一个难题。对于国内支付，中央银行是一个值得信赖的机构；对于跨境支付，就不存在合适的机构担任这个角色。对于这个问题，区块链技术是一个可行的解决方案，使用区块链技术实现的通用平台可以支持多方协调，且不依赖可信的中介机构。同时，区块链具有很强的可编程性，能够支持智能合约，实现条件支付和自动执行等功能。

Ubin 项目基于区块链技术开发的支付网络，可以支持多种货币支付。这在以外币进行交易的国际贸易以及用其他货币计价的有价证券的结算中特别有用。在通用平台上直接结算将使此类交易的执行速度更快、成本更低。通用平台能够为用户提供更快、更安全和更便宜的服务。

第四篇
第二十六章　新加坡金融管理局 Ubin 项目分析

Ubin 项目第五阶段对可能从 Ubin 支付网络中获益的应用案例进行研究（见表 26-1），这些案例可以分为四个领域：资本市场、贸易和供应链金融、保险以及非金融服务。需要指出的是，这些应用案例并不一定会在商业上获得成功，网络效应是决定能否成功的重要影响因素。

表 26-1　应用案例

行业	领域	描述	案例
资本市场	私募股权	促进私有公司的股票交易	1exchange
		数字证券的发行、托管和交易平台	iSTOX
	债券	数字证券发行和周期管理的交易结算平台	STACS
	联合贷款	联合贷款的一级市场和二级市场交易	iLex+IHS Markit
	多阶段投资和支付	以低成本和安全的方式进行基础设施融资	Allinfra
	跨境结算	使用数字货币进行跨境证券结算和股息支付	Sygnum
贸易和供应链金融	供应链数字化	采购—支付单据的交易平台，实现单据自动验证和支付处理	Digital Ventures
		连接买家和卖家的订单、物流和支付的统一平台	Invictus
		交易、验证和自动匹配贸易数据	Marco Polo
		为银行付款交易提供贸易数据的电子匹配	essDOCS
	供应链金融	利用非银行机构资金为中小企业提供供应链融资	Crediti
保险	医疗保险	医疗保险索赔的生命周期管理	Digital Asset
	汽车保险	共享和记录汽车保险索赔参与者之间的信息	Inmediate
非金融服务	媒体和广告	对广告的数字供应链程序化	Aqilliz
	工资支付	为零工工人和组织即时、准确地支付工资	Octomate+Adecco

1. 资本市场

资本市场在促进经济增长、连接资本和被投资公司中发挥着至关重要的作用。公司通过在一级市场发行债券或股票来筹集资金。然后，债券或股票可以在二级市场上进行交易。二级市场主要有两种类型：交易所和场外交易市场（OTC）。然而，由于交易是私下进行的，交易价格、规模等细节不对外公布，OTC 的价格发现能力较差，缺乏市场流动性和市场参与方的信息交流不畅是阻碍 OTC 发展的瓶颈。Ubin 项目主要对私募股权、债券、联合贷款和多阶段投资等应用案例进行研究，下面以私募股权为例进行介绍。

1exchange 是新加坡第一家受监管的私募股权交易所。在这个平台上，交易者可以通过公共区块链上的智能合约创建和交易他们所持有私募股权。在这个应用案例中，1exchange 使用 Ubin 项目的支付网络完成私募股权的券款对付（DvP），主要流程如图 26-19 所示。

1a：卖方在平台上发出卖出指令。

1b：买方在平台上发出买入指令。

2：买卖双方通过平台进行交易匹配。

3a：卖方的股票被锁定以防止重复交易。

3bi：买方发出指令，将资金锁定在 Ubin 托管账户中。

3bii：资金从买家的钱包转移到托管账户。

4a：确认买卖双方的信誉良好后，托管代理人在平台上签字确认交易。

4b：同时，托管代理人在 Ubin 上签字，指令的内容是将托管账户中的资金发送到卖方的钱包中。

5a：确认买卖双方的信誉良好后，受托人在 1exchange 平台上签字确认交易。

5b：同时，受托人在 Ubin 上签字，指令的内容是将托管账户中的资金发送到卖方的钱包中。

6a：受托人和托管代理人都签字确认后，股票就从受托人转移到买方。

6b：受托人和托管代理人都签字确认后，资金就从托管账户转移到卖方的钱包中。

2. 贸易和供应链金融

贸易是一个需要多方参与的经济活动，如交易方、物流服务商、港口

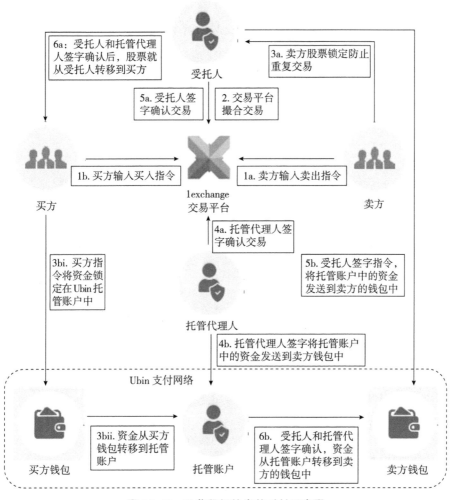

图 26-19　私募股权的券款对付示意图

资料来源:《Ubin 项目第五阶段:实现广泛的系统机遇》报告。

和保险公司等。多方参与会导致一个漫长的交易过程,包括采购和支付等。采购和支付需要各参与方密切合作,共享采购订单、发票等文件,以确保顺利交货。Ubin 项目主要对供应链数字化和供应链金融等应用案例进行研究,下面以供应链数字化为例进行介绍。

Digital Ventures 是暹罗商业银行的子公司。Digital Ventures 开发了一个

采购—支付区块链平台（Blockchain for Procure-to-Pay，B2P），使贸易单据能够在自动验证和付款的情况下进行交易。这个平台提高了流程效率，为参与方节省了交易成本并提供了更便捷的供应链融资渠道。B2P 平台与 Ubin 支付网络的集成可以促进供应链交易和融资，买家、卖家和银行通过该平台交易单据，并通过 Ubin 支付网络进行支付结算，主要流程见图 26-20。

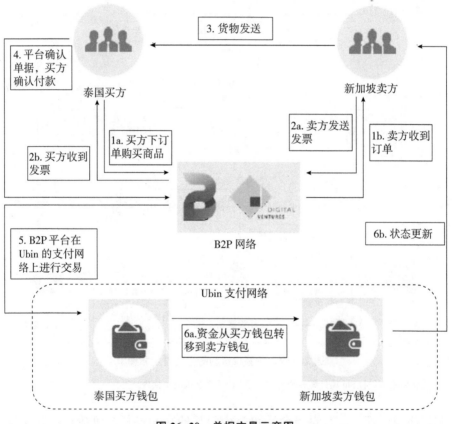

图 26-20　单据交易示意图

资料来源：《Ubin 项目第五阶段：实现广泛的系统机遇》报告。

1：一家泰国公司（买方）向一家新加坡公司（卖方）下订单购买商品。

2：卖方使用 B2P 平台向买方发送发票。

3：卖方将货物发送给买方。

4：B2P 平台确认交易单据，买方确认付款。

5：B2P 平台通过 API 调用在 Ubin 的支付网络上触发支付进行交易。

6：Ubin 支付网络将资金从买方钱包转移到卖方钱包，并在平台上更新相应的支付完成情况。

3. 保险

保险是一种用于对冲经济损失风险的工具。保险的参与人包括被保险人、保险人和第三方索赔人。Ubin 项目主要对医疗保险和汽车保险等应用案例进行研究，下面以医疗保险为例进行介绍。

Digital Asset 使用 DAML 帮助企业设计、创建和运行下一代分布式账本应用程序，DAML 是一种开源的智能合约语言。Digital Asset 已经开发了一个医疗保险索赔应用程序的原型，它以新加坡的住院索赔周期为模型，涉及患者、医院、私人保险公司和国家医疗保险公司，这个平台可以与 Ubin 支付网络集成来进行余额查询和转账支付，主要流程见图 26-21。

1a：患者在医院进行治疗。

1b：私人保险公司向 DAML 发出保证信和受益资格确认。

2：医疗保险索赔的创建和裁定。在提供医疗后，医院向私人保险公司提交医疗索赔，然后把账单寄给患者。

3a：患者通过 Ubin 支付网络向医院付款。

3b：私人保险公司验证和批准医疗保险索赔。通过 Ubin 支付网络触发支付授权，医院从私人保险公司那里收到付款。

3c：私人保险公司就国家保险计划所涵盖的金额提出索赔。经批准后，国家健康保险公司通过 Ubin 支付网络向私人保险公司付款。

4. 非金融服务

Ubin 项目第五阶段还对非金融服务的应用案例进行了探索，如工资支付、媒体和广告等，下面以工资支付为例进行介绍。

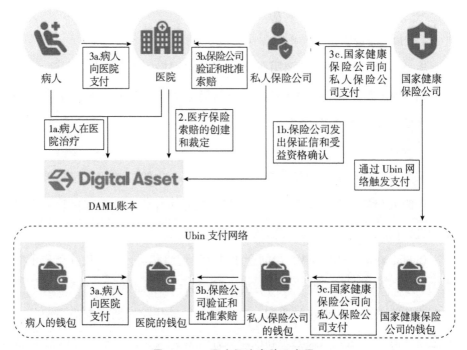

图 26-21　医疗保险索赔示意图

资料来源:《Ubin 项目第五阶段:实现广泛的系统机遇》报告。

Octomate 提供了一个基于区块链的人力资源平台,可以在工作完成的情况下向零工工作者或组织支付即时、准确的薪酬。工作者和公司可以查看和跟踪在前端应用程序上完成的工作。工作者完成他们的任务后,薪酬就会自动发放。下面以招聘机构 Adecco 为例进行简单介绍(见图 26-22)。

1:有需求的公司向 Adecco 提交工作和职位要求。

2:零工工作者被 Adecco 雇用。在开始工作前,对工作范围、工作时间和应付工资等分配细节达成协议。协议被记录在 Octomate 的平台,并通过智能合约规定支付条件。

3:零工工作者完成工作,并记录工作时间。

4:公司和 Adecco 确认零工工作者的工作时间。

5:在满足支付条件的情况下,薪酬会自动发送给工作者,这可以简化支付流程并提高效率。

　　在这个系统中，公司和零工工作者的每一笔工作交易都记录在通用平台上，可以提高交易各方的信任度和透明度。通过整合 Octomate 和 Ubin 支付网络，可以实现有条件支付，为即时支付奠定了基础。

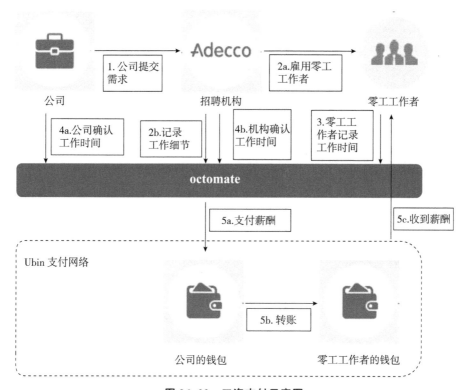

图 26-22　工资支付示意图

资料来源:《Ubin 项目第五阶段：实现广泛的系统机遇》报告。

5

第五篇

THE FIFTH PASSAGE ——— 监管镜鉴：区块链监管动态 ———

区块链监管，特别是数字货币和数字资产的监管，是一个复杂的前沿问题。尽管我国内地已有明确的监管立场和措施，但仍有必要关注其他国家和地区的监管动态，特别是中国香港和新加坡。

本章综述了中国香港和新加坡的监管动态，重点介绍中国香港相关监管机构、监管政策和牌照的要求，以及新加坡的《支付服务法案》。

第二十七章　中国香港加密资产监管

近日，香港证监会（Securities and Futures Commission，SFC）原则性批准了 BC 科技集团旗下的 OSL 平台就虚拟资产交易平台牌照的申请，这意味着亚洲第一个持牌虚拟资产交易平台将在中国香港诞生。香港对加密资产的监管给生态中的参与者带来很大影响。本章分三节分别从监管机构、监管政策和牌照要求这三个维度介绍中国香港现行的监管体系。

一、监管机构

香港证监会负责监管中国香港证券和期货市场的运作，同时也是加密资产的主要监管机构。SFC 的监管目标包括：维持和促进证券期货业的公平性、效率、竞争力、透明度及秩序；提高公众对证券期货业的运作及功能的了解；向投资于或持有金融产品的公众提供保障；尽量减少在证券期货业内的犯罪行为及失当行为；降低在证券期货业内的系统风险；采取与证券期货业有关的适当步骤，以协助财政司司长维持香港在金融方面的稳定性。

香港金融管理局（Hong Kong Monetary Authority，HKMA）负责香港的金融政策及银行、货币管理，其主要职能包括：在联系汇率制度的架构内维持货币稳定；促进金融体系，包括银行体系的稳定与健全；协助巩固中国香港的国际金融中心地位，包括维持与发展中国香港的金融基建以及管理外汇基金。

除 SFC 和 HKMA 之外，香港保险业监管局（Hong Kong Insurance Authority，HKIA）等其他机构也会对加密资产进行协同监管。目前，这些监管机构通过"沙盒监管"的方式，在可控的环境中对加密资产和区块链技术进行测试和监管。

二、监管政策

在中国香港，加密资产主要被划分为证券型加密资产、功能型加密资产和虚拟商品（例如比特币）。针对不同类型的加密资产，监管机构采取了不同的监管政策。SFC 对证券型加密资产的解释是：代表股权（有权收取股息和有权在公司清盘时参与剩余资产的分配）；代表债权证（发行人可于指定日期或赎回时向代币持有人偿还投资本金和向他们支付利息）；可用于获取"集体投资计划"收益。

中国香港并没有专门针对加密资产及其相关业务进行立法，但是之前相关法律所做出的规定，如反洗钱、反欺诈和反恐融资等，都是必须遵守的。此外，随着加密资产影响力的不断提升，监管机构陆续推出了一系列监管政策，以更好地保护投资者的利益。与加密资产相关的监管政策主要包括以下几个：

（一）《证券及期货条例》

《证券及期货条例》是中国香港证券和期货市场的主要法律。《证券及期货条例》整合了 10 余个相关法规条例，监管范围非常广泛。《证券及期货条例》可以对证券型加密资产进行监管，但如果涉及的加密资产不属于证券或期货合约的法律定义范围，那么投资者不会享有《证券及期货条例》提供的保障。

（二）《有关首次代币发行声明》

2017 年 9 月，SFC 发布了《有关首次代币发行声明》。SFC 表示，首次代币发行中涉及的加密资产可能属于《证券及期货条例》所界定的证券，从事首次代币发行的团队或基金要向 SFC 注册并受到监管。

（三）《致持牌法团及注册机构的通函：有关比特币期货合约及与加密资产相关的投资产品》

2017 年 12 月，SFC 发布了《致持牌法团及注册机构的通函：有关比特币期货合约及与加密资产相关的投资产品》。SFC 表示，向投资者提供比特币期货合约交易服务及相关服务（包括传达或传递交易指令）的中介人需要向 SFC 申领牌照并受到监管。同时，SFC 还提醒投资者注意防范投资风险。

（四）《有关针对虚拟资产投资组合的管理公司、基金分销商及交易平台营运者的监管框架的声明》

2018 年 11 月，SFC 发布了《有关针对虚拟资产投资组合的管理公司、基金分销商及交易平台营运者的监管框架的声明》（以下简称《声明》）。在这个文件中，SFC 提到了"针对虚拟资产投资组合管理公司及基金分销商的监管方针"和"探索对平台营运者做出监管"。对于虚拟资产投资组合管理公司和基金分销商，如果其虚拟资产超过总资产规模的 10%，那么必须在 SFC 注册，且只可以面向专业投资者销售。对于虚拟资产交易平台，SFC 提供了一个监管的概念性框架，并表示将与符合标准的虚拟资产交易平台进行合作，将其纳入监管沙盒，考虑在合适的时候向符合标准的交易平台发出牌照。

（五）《有关证券型代币发行的声明》

2019 年 3 月，SFC 发布了《有关证券型代币发行的声明》。SFC 表示，证券型代币可能属于《证券及期货条例》所界定的证券，因而应该受到监管。除非获得适用的豁免，否则从事证券型代币发行的团队或基金要向 SFC 注册或申领牌照，并受到监管。

（六）《适用于管理投资于虚拟资产的投资组合的持牌法团的标准条款及条件》

2019 年 10 月，SFC 发布了《适用于管理投资于虚拟资产的投资组合的持牌法团的标准条款及条件》，其监管对象是管理投资虚拟资产并符合最低额豁免规定的基金的持牌机构。这个文件中的监管细则是《声明》的具体延展与实施，进一步提出了基金投资虚拟资产的操作指引和监管规范。

（七）《有关虚拟资产期货合约的警告》和《立场书：监管虚拟资产交易平台》

2019 年 11 月，SFC 发布了《有关虚拟资产期货合约的警告》和《立场书：监管虚拟资产交易平台》。SFC 获赋权向进行《证券及期货条例》所界定的从事属于受监管活动的主体审批和颁发牌照。在该监管框架下，提供证券型加密资产的交易平台运营者属于 SFC 的监管范围，并且需要持有相关监管牌照。牌照发放的主要条件包括平台运营者仅可向专业投资者提供服务，必须严格筛选可在其平台上进行交易的虚拟资产等。

三、牌照要求

SFC 总共规定了 12 种受监管活动，即要从事以下 12 种相关的活动均需取得相应的牌照并接受监管，才能在香港合法开展对应的金融活动。其中，与场外衍生工具有关的第 11 类和第 12 类牌照还尚未实施（见表 27-1）。

表 27-1 监管牌照

牌照编号	受监管活动
第 1 类	证券交易
第 2 类	期货合约交易
第 3 类	杠杆式外汇交易
第 4 类	就证券提供意见
第 5 类	就期货合约提供意见
第 6 类	就机构融资提供意见
第 7 类	提供自动化交易服务
第 8 类	提供证券保证金融资
第 9 类	提供资产管理
第 10 类	提供信贷评级服务
*第 11 类	场外衍生工具产品交易或就场外衍生工具产品提供意见（未实施）
*第 12 类	为场外衍生工具交易提供客户结算服务（未实施）

根据现行的监管框架，与加密资产相关的交易平台、基金和资金管理平台相关的牌照主要包括第 1 类、第 4 类、第 7 类和第 9 类监管牌照。例如，投资虚拟资产的基金和销售平台需要持有第 1 类牌照；资产管理平台需要持有第 9 类牌照。

OSL 平台是亚洲领先的数字资产及金融科技公司，主要提供经纪服务和数字资产托管服务等。此次 OSL 平台原则性获批的是第 1 类和第 7 类监管牌照。

火币科技控股有限公司的附属公司火币资产管理（香港）有限公司为专业投资者提供证券咨询和资产管理服务，目前已经获得第 4 类和第 9 类监管牌照。

对于 HashKey 生态，HashKey Capital 已经获得第 9 类牌照；HashKey Pro 正在申请第 1 类和第 7 类监管牌照；HashKey Trading 正在申请第 1 类和第 4 类监管牌照。

总的来说，中国香港在自身地理位置、社会制度和金融资源等方面具有独特优势，吸引了很多加密资产项目方和企业。OSL 平台的监管牌照申请获得原则性批准后，会有更多的行业参与者拥抱监管，积极申请监管牌照，在合法合规的情况下推动整个行业的发展。当然，参与者需要满足各项监管规定，这对他们提出了更高的要求。监管机构对于证券型加密资产有比较明确的监管要求和实施细则；对于非证券型加密资产的监管政策则比较少。对于这两种类型的加密资产，都需要通过监管来保护投资者的利益。

第二十八章 对新加坡《支付服务法案》的分析

2019 年 1 月，《支付服务法案》（Payment Service Act，PSA）通过新加坡国会审议，被正式立法，并于 2020 年 1 月 28 日起正式实施。《支付服务法案》会对新加坡的支付体系和数字货币带来重要影响。

一、现行支付监管

（一）法律基础

《支付服务法案》的开头提到，这个法案将取代《货币兑换和汇款业务法》（Money-Changing and Remittance Businesses Act，MCRBA）和《支付体系监督法》（Payment Systems（Oversight）Act，PSOA），并对一些其他与支付相关的法案进行修正。MCRBA 和 PSOA 是新加坡现行支付体系的法律基础。其中，MCRBA 主要针对开展汇款业务的机构设立了牌照等监管要求；PSOA 主要针对储值类支付工具（Stored Value Facility，SVF）、指定支付系统（Designated Payment Systems，DPS）设立了相关监管要求。

汇款业务受到 MCRBA 的监管。汇款业务是指服务商接受客户的资金，并将资金转交给居住在新加坡以外的国家或地区的人。提供汇款业务的服务商必须持有有效的汇款牌照。需要指出的是，MCRBA 中没有对电子货币给出相关监管要求。

储值类支付工具受到 PSOA 的监管。SVF 是指一种除现金之外的支付工具，可以是物理形态或电子形态，用户或持有人通过购买或其他方式获得，用于支付商品或服务的费用，可支付的费用不能超过 SVF 中条款所规定的最大值。

指定支付系统受到 PSOA 的监管。DPS 是指关系到金融系统稳定和公众信心的重要支付系统。DPS 由新加坡金融管理局指定，并需要定期披露支付系统的持股情况、交易情况、结算情况和审计情况等信息。同时，MAS 有权对 DPS 实施准入、变更、暂停或退出等操作。

（二）监管机构

新加坡金融管理局成立于 1971 年，是新加坡行使中央银行职能的金融管理机构，同时兼有金融调控与金融监管两大职能。MAS 的主要职责包括根据国家经济发展情况制定和实施金融货币政策，运用外汇市场等工具保持本币稳定、控制通货膨胀，根据相关法律对银行、证券和保险行业进行监管等。MAS 是支付体系的监管主体，负责制定和推动出台支付领域相关监管政策。同时，MAS 还是新加坡商业银行的结算代理机构。

（三）对数字货币的监管

在新加坡，数字货币主要被划分为证券型、支付型和功能型，对不同类型的数字货币实施的监管政策有很大区别。

证券型数字货币受到新加坡金融管理局的监管，并且证券型数字货币的发行、销售和交易需要遵守现有的新加坡《证券及期货条例》（Securities and Futures Act，SFA）。2017 年 11 月，新加坡金融管理局发布了《数字货币发行指南》，详细规定了新加坡对首次代币发行的具体要求。目前，支付型数字货币没有专门的监管法规；功能型数字货币则没有被新加坡监管部门纳入监管体系，只需要遵守反洗钱（Anti-Money Laundering，AML）等普适性要求。

二、《支付服务法案》简介

近年来，随着科学技术的发展和数字货币等新生事物的不断涌现，在支付领域存在的潜在风险已经超出当前政策的监管范围。2017年11月，MAS在拟定支付框架（Proposed Payment Framework，PPF）的基础上，提出制定新的支付服务法案（Payment Service Bill，PSB），并公开征求意见。2019年1月，PSB通过新加坡国会审议，被正式立法，并被命名为《支付服务法案》（PSA）。

《支付服务法案》包括两套平行的监管框架。"指定制度"主要针对大型支付系统，与PSOA中的指定支付系统类似，MAS可以指定某一受监管的支付系统以保持金融稳定和维护公众信心。"牌照制度"则是为了更灵活地响应市场变化而设置的监管框架。

（一）服务种类

《支付服务法案》将账户发行服务、国内汇款服务、跨境汇款服务、支付型数字货币服务、电子货币发行服务、商家收单服务以及货币兑换服务纳入监管范围，服务商可以选择提供其中一种或多种服务。

1. 账户发行服务（Account Issuance Service）

账户发行服务是指向在新加坡的任何人提供发行支付账户，或者运营任何与支付账户所需业务相关的服务，如将资金存入或取出支付账户（不包括国内汇款和跨境汇款）。

2. 国内汇款服务（Domestic Money Transfer Service）

国内汇款服务是指提供新加坡本地的资金汇款服务。国内汇款服务中汇款人和收款人都在新加坡，且都不是金融机构。服务商接收汇款人的资金，并执行或安排执行汇款交易，包括通过支付账户执行的支付交易、通过支付账户进行直接借记服务、通过支付账户进行信用交易服务等。

3. 跨境汇款服务（Cross-Border Money Transfer Service）

跨境汇款服务是指提供新加坡与其他国家或地区之间的进出汇款服务。服务商接收汇款人的资金，并执行或安排执行向新加坡境外用户的汇款交易，或者服务商为新加坡境内的任何人从境外收取汇款。

4. 支付型数字货币服务（Digital Payment Token Service）

支付型数字货币服务主要包括两类，一是提供与支付型数字货币交易相关的服务，二是为支付型数字货币交易提供便利的任何服务。《支付服务法案》对支付型数字货币的定义如下：支付型数字货币是指价值的数字表示，并且需要满足以下条件：这个价值表示为一个单位；不以任何货币计价，发行人也不能将它与任何货币锚定；已经成为或打算成为公众或部分公众接受的交换媒介，用来支付商品或服务、清偿债务；以电子形态进行转移、储存或交易；满足 MAS 规定的其他特征。

5. 电子货币发行服务（E-money Issuance Service）

电子货币发行服务是对任何人发行电子货币，并允许其进行支付交易。《支付服务法案》对电子货币的定义如下：电子货币是指任何以电子形态储存的货币价值并且需要满足以下条件：以某种货币计价，发行人可以将电子货币与其他货币进行价值锚定；已预先付款，以便用户进行支付交易；支付的对象不能是电子货币的发行人；电子货币代表一种发行人的债权。

6. 商家收单服务（Merchant Acquisition Service）

商家收单服务是指服务商根据与商家之间的合同，为商家接收和处理支付交易。在商家收单服务中，商家在新加坡注册成立或经营业务，或者服务商与商家在新加坡签订合同。

7. 货币兑换服务（Money-Changing Service）

货币兑换服务是指服务商提供与买卖外币相关的服务。

（二）牌照申请

服务商会根据自身的业务模式与上述七种服务之间的关系进行牌照申请，目前有货币兑换牌照（Money – Changing）、标准支付机构牌照（Standard Payment Institution）和大型支付机构牌照（Major Payment Institution）。

货币兑换牌照仅限于货币兑换服务，适用于提供货币兑换的服务商。因业务自身的商业规模较小，涉及的风险也较低，MAS 主要监管服务商的洗钱和恐怖主义融资风险。标准支付机构牌照适用于上述七种服务任意组合而成的商业模式，但对业务金额总量有所限制，申请要求较低，服务商受到的监管程度也较低。大型支付机构牌照适用于那些超过"标准支付机构"牌照所设额度的所有业务，因涉及的金额更大、风险更高，所以受到最严格的监管，大型服务提供商可以申请使用。如果未来的业务需求有改动，持牌人可以申请变更牌照，以便能在新的业务运行时符合支付服务或者牌照的要求。

MAS 宣布于 2020 年 1 月 28 日起正式实施《支付服务法案》，并规定所有服务商按时提供牌照申请备案文件。同时，MAS 也对服务商的申请资格给出具体要求，包括公司主体与管理人员结构、行业竞争力、办公室或注册地址、基础资本金、担保金和审计情况等。

三、《支付服务法案》影响预判

《支付服务法案》实施之后，新加坡对支付体系和数字货币的监管会发生下列主要变化：

第一，《支付服务法案》整合和改进了现行的《货币兑换和汇款业务法》和《支付体系监督法》，指定制度和牌照制度这两套平行的监管框架也参考了现有的监管思路。不同的是，《支付服务法案》的监管范围更加广泛，将国内汇款服务、商家收单服务、支付型数字货币服务等纳入监管。

第二，国内汇款服务和跨境汇款服务会有效替代 MCRBA 对汇款业务的监管。需要指出的是，MCRBA 中并没有对国内汇款进行监管，但国内汇款服务需要遵守《支付服务法案》的监管要求。

第三，电子货币发行服务将有效地取代 PSOA 对 SVF 的监管。从前文的定义中可以看出，SVF 和 E-money 有相似之处也有明显的区别。SVF 和 E-money 都可以是以电子形态储存的货币价值，并且有预先付款，但 E-money 中没有规定对商品或服务的支付。举例来说，如果商家将这个以电子形态储存的价值送给用户，那么从定义来看，它属于 E-money 但不属于 SVF。

第四，从事支付型数字货币服务商（如数字货币交易所、钱包和 OTC 平台等）将会受到监管，必须按照 MAS 的要求申请相关牌照并遵守反洗钱和反恐融资（Combating Financial Terrorism，CFT）等要求。需要注意的是，《支付服务法案》对支付型数字货币的定义中要求不能锚定任何货币，因此类似 Libra 等稳定币不在这一类监管范围。

第五，受《支付服务法案》保护的支付机构的门槛将会降低，每日平均浮动金额从 3000 万新元降至 500 万新元。这意味着如果每日平均浮动金额超过 500 万新元，支付机构持有的任何电子货币都将得到全面保障。如果平均每日浮动金额不超过 500 万新元，支付机构持有的电子货币不会得到全面保障，支付机构需要向消费者做出适当的信息披露。降低门槛意味着受保障的支付机构的数量将会增加，但这些支付机构必须满足合规要求。小型支付机构不会得到保障，但受到的合规要求较少，不会因过度监管而阻碍其业务发展。

第六，《支付服务法案》对于支付体系中存在的主要风险采取了防控措施，主要包括对客户资金损失的防控，对洗钱、恐怖主义融资风险的防控，对技术风险的防控和解决不同支付方案之间缺乏互操作性的问题。

总的来说，新加坡政府把金融作为经济发展的重要支柱，实行积极开放和鼓励发展的政策，在监管方面注重理念创新，敢于尝试和接纳新生事物，释放企业的积极性和创新精神。MAS 精心设计了 PSA，平衡监管和创新之间的关系。

对于服务商，《支付服务法案》要求所有在新加坡实际开展业务的服务商申请牌照。因此，无论是准备进入还是已经进入新加坡市场的服务商，都需要重新认真审视自己提供的产品和服务，并且严格按照要求申请牌照。新加坡监管部门对于反洗钱和反恐融资非常重视，服务商需要定期向 MAS 提交相关报告。PSA 为服务商提出了明确而详细的要求，便于服务商开展业务，正规服务商对《支付服务法案》肯定持有拥护态度。

对于投资者，MAS 并没有做出限制，但会做出风险提示，并加强公众的金融教育，确保公众意识到数字货币的风险。《支付服务法案》会通过对客户资金损失的防控和解决不同支付方案之间缺乏互操作性的问题，来保护投资者的资金安全并改善用户体验。

《支付服务法案》填补了新加坡在诸多支付服务场景的监管空白，对于支付型数字货币等新生事物有了明确的监管要求，这对于完善新加坡在支付领域的监管政策有非常重要的意义。